中国水利教育协会　　　　　　　　　　　　共同组织
高等学校水利类专业教学指导委员会

全国水利行业"十三五"规划教材（普通高等教育）

水资源系统分析原理

邵东国　顾文权　付湘　罗强　编著

U0238370

中国水利水电出版社
www.waterpub.com.cn
·北京·

内 容 提 要

本书主要阐述水资源系统分析基本原理及其新理论、新方法与新技术在水资源规划设计、运行管理中的应用。

全书共分 6 章，第 1 章和第 2 章主要介绍水资源系统分析基本原理与方法；第 3 章和第 4 章重点阐述水资源系统优化调度与配置基本理论方法及其应用；第 5 章和第 6 章侧重阐述水资源系统风险、复杂性理论与方法。

本书可作为水利、农业、管理等相关学科的水文水资源、水利水电工程、系统工程、农业水利工程等专业研究生教材，也可供从事水资源相关工程规划设计和运行管理的工程技术人员参考。

图书在版编目（CIP）数据

水资源系统分析原理 / 邵东国等编著. -- 北京 ：
中国水利水电出版社，2019.10
全国水利行业"十三五"规划教材. 普通高等教育
ISBN 978-7-5170-8095-4

Ⅰ．①水… Ⅱ．①邵… Ⅲ．①水资源－系统分析－高等学校－教材 Ⅳ．①TV211

中国版本图书馆CIP数据核字(2019)第232079号

书　　名	全国水利行业"十三五"规划教材（普通高等教育） **水资源系统分析原理** SHUIZIYUAN XITONG FENXI YUANLI	
作　　者	邵东国　顾文权　付湘　罗强　编著	
出版发行	中国水利水电出版社 （北京市海淀区玉渊潭南路 1 号 D 座　100038） 网址：www.waterpub.com.cn E - mail：sales@waterpub.com.cn 电话：（010）68367658（营销中心）	
经　　售	北京科水图书销售中心（零售） 电话：（010）88383994、63202643、68545874 全国各地新华书店和相关出版物销售网点	
排　　版	中国水利水电出版社微机排版中心	
印　　刷	清凇永业（天津）印刷有限公司	
规　　格	184mm×260mm　16 开本　8.25 印张　196 千字	
版　　次	2019 年 10 月第 1 版　2019 年 10 月第 1 次印刷	
印　　数	0001—2000 册	
定　　价	**28.00 元**	

前　　言

本书是全国水利行业"十三五"规划教材（普通高等教育），教育部 2016 年第一批全国工程硕士专业学位研究生教育在线课程建设项目（工程硕士教指委秘〔2016〕1 号），武汉大学研究生精品课程"水资源系统工程"建设和"双一流"学科建设规划教材。

本书是在原武汉水利电力大学出版社出版的《水资源系统分析理论与应用》研究生教材基础上修订的，主要阐述水资源系统分析基本原理、基本理论和新方法、新技术。修订后的教材新增了近些年水资源系统分析最新进展及其在水库调度与水资源配置等方面的应用，引入了一些新的理论与方法，如风险分析方法、系统复杂性理论等，力图将研究生的教学置于一个理论与应用相结合的高起点上。

全书共分 6 章，第 1 章为绪论，主要论述系统、系统分析及水资源系统分析；第 2 章为水资源系统分析中的基本原理与分析方法；第 3 章、第 4 章分别介绍系统分析理论与方法在水库调度、水资源配置方面的应用；第 5 章介绍水资源系统风险分析方法；第 6 章介绍水资源系统复杂性理论。

全书力求简明实用，深入浅出，以便于水利水电工程、系统工程等相关专业研究生学习，也可供从事水资源系统及水利水电工程规划设计和运行管理的工程技术人员参考。

参加本书编写的有武汉大学水利水电学院邵东国、付湘、罗强、顾文权。全书由邵东国、顾文权统稿。

由于水平和时间的限制，本书中的错误及不妥之处，恳请读者批评指正。

编者

2018 年 10 月

目　　录

第1章 绪 论

系统的概念是随着人类社会生产实践逐渐形成并发展起来的。我国古代农事、工程、医学、天文等方面的知识和成就，都在不同程度上反映了朴素系统概念的自发应用。例如，战国时期秦李冰父子设计兴建的都江堰，包括：岷江"鱼嘴"分水工程、"飞沙堰"分洪排沙工程、"宝瓶口"引水工程和120多个附属渠堰工程，形成了一个各工程间联系合理、运转协调的工程总体，是一次典型的系统思想的实践活动。

随着人类社会实践活动的大型化和复杂化，要求系统思想不仅能定性描述，而且能定量表达。近几十年来，定量化的系统方法和强有力的计算工具——电子计算机——已广泛地用来分析工程、经济、军事、政治领域大型的复杂系统问题。系统思想方法一经取得数学表达形式和计算工具，就从哲学思维领域发展成为专门的科学。

系统工程科学是一门具有高度综合性的学科，它是在第二次世界大战期间逐步发展起来的。当时，由于战争的驱动，在资源分配、军事设施配置、各种人员配置以及交通运输和军事工程的进度等方面进行了大量分析工作，进而明确地提出了对问题给予最优解决的概念，并产生了反映这一概念的数学方法。这就是出现系统工程学的历史背景和条件。1957年，第一部《系统工程》专著问世，标志着这门科学的产生和命名。随后，在60多年的发展过程中，系统工程的概念和方法逐步运用到许多科学和技术领域，并取得了成功。

系统工程在水利水电工程中的应用，始于20世纪50年代中期，首例是用于制定流域规划的工作，以后逐步扩展到规划、设计、施工和管理诸多方面，从水力发电工程到灌溉排水工程的各个领域几乎都引进和应用了系统工程的方法。近些年来，运用系统工程更有效地解决了实际生产问题，在国内外普遍受到重视，从而使系统工程方法的应用具有更为广阔的前景。

1.1 系 统

1.1.1 系统的定义

关于系统的定义，不同的学科有不同的说法。一个比较通用的提法是：凡在一定环境下，为实现某一目标，由若干相互联系、相互制约、相互作用的因素（部分）而组成的集合体，就称为系统。任何一个系统均包括两个部分：一是系统本身；二是系统所处的环境。系统本身由3个元素组成，即输入、运转（转换、处理……）和输出。系统环境就是系统本身以外的部分。系统与环境的界限叫系统边界。

系统的相互联系、相互制约、相互作用的组成部分，称为系统结构。环境对系统的作用是系统输入，系统对环境的作用是系统的输出；在动态条件下，输出可反作用于输入，这就是所谓的反馈。把输入转换为输出就是系统的功能，它是由系统结构和系统环境决定的。系统每时每刻所处的状况称为系统状态。系统状态随时间的变化称为系统行为。

对于工程体系中的系统，可以这样描述：在给定时间内，使物质（原料、能量、信息）的输入与物质（产品、能量、效益）的输出相互联系起来，在一定的环境下，具有一定功能的任何结构、装置、设计方案和运行程序的有机体。而且这个系统本身又是它所从属的一个大系统的组成部分（子系统），这就是系统的相对性概念。

1.1.2　系统的类别

在自然界和人类社会中，系统是普遍存在的。从不同的角度出发，可将系统分成不同的类别，大致可分为 3 类，即自然系统、人工系统和两者组合起来的复合系统。

1. 自然系统

自然系统是由自然物质所组成的系统，如太阳系、银河系、宇宙系和生物系统、生态系统，以及微观的原子核系统等。

2. 人工系统

人工系统是为达到人类需求的目的而人为地建立起来的系统，例如生产、交通、水利、电力、教育、经营、医疗等系统，一般可包括 3 种类型：①由人将零星部件装置成工具、仪器、设备以及由它们组成的工程技术系统；②由一定的制度、组织、程序、手续等组成的管理系统和社会系统；③根据人对自然现象、社会现象的科学认识而建立的科学体系和技术体系。

3. 复合系统

由人工系统与自然系统组合起来的复合系统，也是广泛存在的系统。它们既有自然系统的特征，又具备人工系统的特性，如交通管制系统、航空导航系统、广播系统等人机系统。

1.1.3　系统的特性

系统一般具有下列特征。

1. 集合性

系统由两个或两个以上可以互相区分的要素（或子系统）组成。实际工作中，系统常常是巨大而复杂的，这并不一定是在规模上庞大，而是由于有非常多的要素作为它的组成部分，从而产生复杂的动作、程序和状态。一个系统常常是由若干子系统有机地结合起来的，子系统又由更小的系统构成，形成一个多层次的结构。

2. 关联性

组成系统的各部分之间及系统与环境之间相互联系、相互制约和相互作用，就是系统的关联性。如果只有一些要素，尽管是多种多样的，若它们之间没有任何联系，就不能称之为系统。

3. 目的性

系统的目的性是指系统都具有特定的功能，即既定的目的。人工系统的目的，有时不止一个，可能有多个，并与系统的结构层次相对应。系统作为总体具有一个总目标，各子系统也可分别具有各自的层次性目标。为了使各层次的目标均能按既定的意图得以实现，就需要一定的手段与方法，使系统的构造要素有机地协调动作，以达到系统功能的总目标。

4. 整体性

系统具有整体性是因为系统的各个组成部分构成了一个有机整体。各构成要素的独立功能及其相互间的有机联系，只能是在一定的协调关系之下统一于系统的整体之中。脱离开整体性，各构成要素的功能及要素间的作用就失去了意义。

5. 不确定性

系统具有不确定性是因为系统中存在某些不能用确定性方法描述其状态的构成要素所致。这些组成部分的活动或者由于人的认识尚未完全掌握其准确的规律，或者由于活动本身带有一定的随机性，因而只能使用统计规律等手段反映其活动状态与进程，这就使系统带有不确定性。

6. 环境适应性

任何系统不能孤立存在，而是存在于一定的环境之中，必定与外部环境发生物质的、能量的和信息的交换，以适应外部环境的变化，这就构成系统的环境适应性。能够经常与外部环境保持最佳适应状态的系统，是理想的系统；不能适应环境变化的系统是没有生命力的。

1.2　系　统　工　程

1.2.1　系统工程概念

系统工程是实现系统科学改造客观世界的工程技术和组织管理技术。它是应用系统理论、近代数学方法和电子计算机运算技术，研究系统规划、设计、制造、组织和管理的一门整体最优的技术科学。这种技术对于一切系统均适用，具有应用的广泛性和普遍性。研究不同的系统问题，就有相应的各种系统工程，如工程系统工程、经济系统工程、社会系统工程等。研究水资源系统问题，就有水资源系统工程。系统工程与一般工程技术和其他技术具有明显的特点，其主要表现为：

（1）系统工程的研究对象广泛。系统工程的研究和应用对象是各种体系的系统，如自然的、生态的、社会的、经济的系统都是其研究的对象。

（2）系统工程是一门"软"技术。系统工程主要研究软件技术，如概念、原则、原理、方法、制度、程序等非物质实体所构成的技术，为生产"硬件"提供思考方法、程序和决策等，以实现系统的最优规划、设计、控制和管理。

（3）系统工程是定量技术。定量的办法通过建立系统模型、系统仿真、系统分析和系统优化等主要方法与步骤实现。

（4）系统工程是一门多学科综合的边缘学科。系统工程既要应用数学、物理、化学等基础自然学科的知识，又要以运筹学、控制论为基础，应用管理科学、经济学、社会学、生态学等知识，从而构成一门多学科相互渗透的边缘学科。

综上所述，系统工程可以归纳为：研究对象是各种体系的系统；思考方法是全局的和协调的辩证思想；采用的技术是以运筹学和控制论为理论基础、以电子计算机为运算手段的近代科学方法；最终目的是使系统达到整体最优。

1.2.2 系统工程理论基础

系统工程的理论基础是系统科学。其中的一般系统论、运筹学、控制论、信息论、大系统理论、多目标决策技术等都是系统工程的公共理论基础。现扼要地介绍如下。

1. 运筹学（Operation Research）

运筹学是 20 世纪 40 年代形成的一门新兴学科，经过几十年来的实践，无论在理论上或应用上都得到了很大的发展。它是在研究生产、经济、工程建设、科学研究、行政管理等活动中，有关人力、财力、物力等的统筹规划和运用调度的科学。运筹学为系统工程提供了大量的理论方法，成为系统工程理论基础的一个重要组成部分。

由于运筹学研究的问题类型众多，范围广泛，所以它的内容十分丰富，包括的分支也较多，主要有规划论、博弈论、排队论、决策论、搜索论、存储论等。随着实践的发展，根据需要，可以预料新的领域还会不断出现。现有几个主要的分支简介如下：

（1）规划论（Theory of Programming）。规划论所研究的问题是：在一定数量的人力和物力资源条件下，如何合理安排，使它们发挥出最大限度的作用，从而完成最多的任务；或者在确定任务的前提下，研究怎样精打细算，使用最少的人力、物力去完成它。这类统筹规划的问题，用数学语言表达就是：在一组约束条件下寻找目标函数的极值问题。规划论有四大分支：线性规划、整数规划、非线性规划和动态规划。每个分支又都包括丰富的内容，为系统工程研究反映客观事物规律的合理性和有效性提供强有力的数学方法和优化技术。

（2）博弈论（Game Theory）。博弈论是用来研究对抗性的竞争局势的数学模型，探索最优的对抗策略的数学方法，又称为对策论。

一场博弈，依据参加者的多少，可以分为双方博弈和多方博弈。进行博弈的各方为对付对方必定要采取一定的策略。如果可能采取的策略只有有限个，称为有限博弈。如果可能采取的策略为无限个，则称为无限博弈。在每场博弈中，如果获胜的一方与失败的一方得失恰好相等，则称为零和博弈。如果参加博弈各方的得失可以列成一个矩阵（称支付矩阵），则称为矩阵博弈。

（3）排队论（Queueing Theory）。人们日常活动中经常出现排队现象。生产过程中也有排队问题，如电话总机为每一次呼唤的服务、计算机内存等待处理的程序、自动生产线中到达机床前等待加工的毛坯等。排队论是用系统计划规律来改进公用服务系统工作过程的数学理论和方法。在这个系统中服务对象何时到达以及其占用服务系统的时间的长短均无从预先确知，这是一种随机聚散现象，它通过对每个个别的随机服务现象的统计研究，找出反映这些随机现象平均特性规律，从而改进服务系统的工作能力。

（4）决策论（Decision Theory）。决策论是运筹学最新发展的一个重要分支。用在经营管理工作中，对系统的状态信息可能选取的策略以及采取这些策略对系统的状态所产生的后果进行综合研究，以便按照某种衡量准则选择一个最优策略。决策有：单目标、多目标决策，确定型、风险型和完全不确定型决策，模糊决策和序贯决策等。

（5）搜索论（Search Theory）。搜索论是一种数学方法，用来研究在寻找某种对象（如石油、矿物、潜水艇等）的过程中，如何合理的使用搜索手段（如用于搜索的人力、物力、资金和时间），以便取得最好的搜索效果。

（6）存储论（Inventory Theory）。一个企业物资储备量是否恰当，直接关系着生产的进行和资金的周转，关系着增产和节约问题，因此在经济管理中，存储问题占有相当重要的地位。

物资储备大致可分为生产储备、供销储备、商品或产品储备。不论哪种储备，目的都在于供给某种需要。因此，储备的最佳方案就是在保证供应质量的条件下，使有关物质储备供应的总费用最小。

存储问题的类型很多，有些问题是非常复杂的。一般可通过简单例子介绍存储模型的基本方法。当实际问题非常复杂，难以得出数学模型时，或虽能得出，但非常复杂不易求解时，往往采取模拟方法求近似解。当具体问题包括随机因素时，进行模拟往往与随机抽样技术有关。这种方法又称蒙特卡洛（Monte Carlo）方法。运用排队论方法也可解决某种存储问题，模拟方法是常用的，但只有当模拟次数很多时所得结果才比较可靠。

2. 控制论

控制论是 20 世纪 40 年代由美国科学家维纳创建的一门科学。经过 70 多年的发展，它的理论与方法已广泛地应用于各个领域，并成为系统工程另一重要的理论基础。

控制论的研究对象也是系统，是研究系统控制及其应用的科学。也就是研究如何分析、综合和组成系统，研究系统各个组成部分之间的关联和制约关系，以及关联和制约关系如何影响和决定系统的总体功能。特别是要研究如何影响、调节、改变和控制这种关联和制约关系，使系统具有人们希望的性能与行为。这样一些系统分析、综合的理论、方法便构成了控制论的基本内容。

控制论按其研究系统的属性不同，目前已有 4 个主要分支：工程控制论、生物控制论、经济控制论和社会控制论。20 世纪 50 年代末 60 年代初，发展起来的现代控制理论，其特点是：以系统的抽象模型为基础，研究系统结构、参数、行为和控制性能之间的定量关系。由于这种抽象性、概括性的特点，使这一理论适用于更广泛的系统分析与控制。这些理论包括：反馈控制理论、能控、能观性理论、系统可靠性理论、大系统理论、稳定性理论、最优控制理论、最优滤波和随机控制理论、多变益系统理论、鲁棒性理论、人工智能和模式识别理论、自适应、自组织、自学习理论等。

现代控制论中上述各个分支所揭示的系统规律，在系统思想、描述、结构、功能和研究方法上，均为系统工程的迅速发展与应用，提供了坚实的理论基础。

3. 概率论与统计学（Probability and Statistics）

概率是描述一个事件发生的可能性的数值度量。一个事件的概率等于在大量试验的次数中，这一事件发生的次数与所有事件总次数的比值。概率论是研究事件概率分布规律的理论，它是统计学的基础。

统计学是有关科学方法的一门学问。当普遍存在不肯定的状态时，统计学提供了一系列决策的工具。一般分为两大类：描述统计学和推断统计学，前者是研究简缩数据和描述数据的，后者是研究利用数据去作出决策。有时常遇到数据随机性以及无法确知系统真实状态所引起的不肯定性，概率就是这种不定性的变量。

4. 图论（Graph Theory）

图论使用许多简单的符号，这些符号不仅能简化思维，且构成一种易于掌握和极其有效的工具。它是根据现代数学的观点和方法，加以抽象化和形式化而建立起来的理论的综述。现在这些以点、线和各种符号组成的各种图表，已广泛应用到各个领域，如博弈论、规划论、信息论、拓扑学、电路、交通网络、工程企业管理、组织体系（经济学）、社会结构（心理学）等等。

5. 网络理论（Network Theory）

在实际工作中，存在着许多网络问题，例如交通运输网、邮电通信网、电力输配网等等。从出发地到目的地可以有各种途径，而各种途径又有距离、费用、运输量等限制。因此，如何发挥已有网络的最大作用，如何规划一个网络使之更充分地满足经济、技术等各方面的要求，这就是所谓的"网络问题"。它解决的主要问题有：①最短路径问题，如自来水管的最少铺设长度问题，邮递员送信的最短路径问题；②最大流量问题，如一定公路条件下的最大运输流通量问题；③最小费用最大流量问题等。

6. 模糊数学（Fuzzy Theory）

1965 年美国自动控制学者 Zadeh 在建立模糊事物的数学模型时，首先提出了"模糊集合"的概念，奠定了模糊数学的基础。模糊数学的主要目标是探索更加接近人类大脑的实际功能，处理模糊事物的方法，如电子计算机具有智能模拟功能的数学理论，也就是说要研究一种数学推理逻辑，能够使机器像人一样，只有极少的模糊信息，依据一定的推理准则进行"思维"，就可以得出相当准确（或是足够近似）的结论来。

10 余年来，人们在模糊数学的理论、模糊语言和模糊数学的应用上作了大量的研究工作。目前它在自动控制、模式识别、系统理论、信息检索、社会科学、心理学、医学和生物学等领域中的应用，获得了显著的效果，展现着诱人的前景。

7. 大系统理论

大系统理论是以研究大规模复杂系统为对象的理论。但是，大系统迄今并没有一个严格和公认的定义，不过，可举出两种有代表性的定义：一种认为，凡可以解耦而使计算简化的系统，便是大系统（HO 和 Mitter，1976）；另一种认为，若系统维数非常大，以致应用常规的建模、分析、控制、设计和计算方法，都不能通过合理的计算程序得到有效的结果时，这样的系统就是大系统（Mahmoud，1977）。

8. 多目标决策理论

多目标决策问题早在 1896 年由经济学家 V. Pareto 提出，直至 1951 年 HW. Kuhn 和 Tucker 证明了向量优化问题的非劣充要条件以后，才具有标志性的发展。其后 20 世纪 60 年代发展了多属性效用理论（Keeney，1963）；70 年代以来，多目标决策方法已发展到数 10 种，并应用于社会与自然科学的各个领域。

以上的这选学科和理论，均是现代系统工程的公共基础理论。由于本书的重点是研究系统工程在水资源系统中的应用，而水资源系统是典型的大规模、多目标的复杂大系统，因此，下面的两章将专门介绍大系统理论和多目标决策问题，既作为系统工程基础理论部分的继续，又作为水资源系统规划与管理的数学基础。

1.2.3 系统工程工作程序与方法

系统工程的工作程序是指其解决各类不同问题时，具有比较相同或相似的工作思路、工作阶段和工作步骤的模式，以便实现系统整体最优的目的。自 20 世纪 60 年代以来，许多学者对这方面工作做了大量探讨，其中比较公认而有代表性的成果是霍尔三维结构。

霍尔三维结构是由美国学者 A. D. 霍尔（A. D. Hall）等人在大量工程实践的基础上，于 1969 年提出的。其内容反映在可以直观展示系统工程各项工作内容的三维结构图中。霍尔三维结构集中体现了系统工程方法的系统化、综合化、最优化、程序化和标准化等特点，是系统工程方法论的重要基础内容。

1. 时间维

时间维表示系统工程的工作阶段或进程。系统工程工作从规划到更新的整个过程或寿命周期可分为以下 7 个阶段：

（1）规划阶段。根据总体方针和发展战略制定规划。

（2）设计阶段。根据规划提出具体计划方案。

（3）分析或研制阶段。实现系统的研制方案，分析、制定出较为详细而具体的生产计划。

（4）运筹或生产阶段。运筹各类资源及生产系统所需要的全部"零部件"，并提出详细而具体的实施和"安装"计划。

（5）系统实施或"安装"阶段。把系统"安装"好，制定出具体的运行计划。

（6）运行阶段。系统投入运行，为预期用途服务。

（7）更新阶段。改进或取消旧系统，建立新系统。

其中规划、设计与分析或研制阶段共同构成系统的开发阶段。

2. 逻辑维

逻辑维是指系统工程每阶段工作所应遵从的逻辑顺序和工作步骤，一般分为以下 7 步：

（1）摆明问题。同提出任务的单位对话，明确所要解块的问题及其确切要求，全面收集和了解有关问题历史、现状和发展趋势的资料。

（2）系统设计。即确定目标并据此设计评价指标体系。确定任务所要达到的目标或各目标分量，拟定评价标准。在此基础上，用系统评价等方法建立评价指标体系，设计评价算法。

（3）系统综合。设计能完成预定任务的系统结构，拟定政策、活动、控制方案和整个系统的可行方案。

（4）模型化。针对系统的具体结构和方案类型建立分析模型，并初步分析系统各种方案的性能、特点、对预定任务能实现的程度以及在目标和评价指标体系下的优劣次序。

（5）最优化。在评价目标体系的基础上生成并选择各项政策、活动、控制方案和整个系统方案，尽可能达到最优、次优或合理，至少能令人满意。

（6）决策。在分析优化和评价的基础上由决策者作出裁决，选定行动方案。

（7）实施计划。不断地修改、完善以上 6 个步骤，制定出具体的执行计划和下一阶段的工作计划。

3. 知识维或专业维

该维的内容表征从事系统工程工作所需要的知识（如运筹学控制论、管理科学等），也可反映系统工程的专门应用领域（如企业管理系统工程、社会经济系统工程、工程系统工程等）。

霍尔三维结构强调明确目标，核心内容是最优化，并认为现实问题基本上都可归纳成工程系统问题，应用定量分析手段，求得最优解答。该方法论具有研究方法上的整体性（三维）、技术应用上的综合性（知识维）、组织管理上的科学性（时间维与逻辑维）和系统工程工作的问题导向性（逻辑维）等突出特点。

参 考 文 献

［1］ 袁宏源，邵东国，郭宗楼. 水资源系统分析应用［M］. 武汉：武汉水利电力大学出版社，2000.

［2］ 汪应洛. 系统工程［M］. 北京：机械工业出版社，2008.

［3］ 冯尚友. 水资源系统工程［M］. 武汉：湖北科学技术出版社，1991.

第2章 水资源系统分析

2.1 系统分析概述

2.1.1 系统分析概念与作用

系统分析是系统工程应用中最基本、最普遍的分析方法，也是系统工程最核心的部分。系统分析原本出自对数学方程式的系统所进行的数学分析。但是，它并不是简单的数学技术的应用，而是集合了过去若干学科的概念、观点和技术综合发展起来的一门学科。它是分析研究系统规划和决策问题的科学方法，也是帮助决策人从多种可行方案中识别和选择最优方案的决策手段。

系统分析方法，主要研究确定系统内有关要素、结构、功能、状态、行为等之间的关系，及其与外部之间的相互关系，并通过逻辑思维推理和科学计算的定量途径，找出可行方案；再经过分析、综合和评价技术，选出可行方案的最佳者，供决策者参考。所以，可以认为系统分析是对系统工程做出定量分析的基础，也是优选方案的工具。

系统分析的最重要内容是：确定系统目的和目标，建立系统数学模型，实施模拟和优化技术，进行分析、综合和评价，做出选择方案的满意决策。

2.1.2 系统分析的意义与原则

2.1.2.1 系统分析的意义

在现代化社会，科学技术高度发达，事物间的联系日趋复杂，出现了形式多样的各种大系统。这类大系统通常都是开放系统，其所处环境即更大的系统发生着物质、能量和信息等的交换关系，从而形成了环境约束。系统同环境的任何不适应，即违反环境约束的状态或行为，都将对系统的存在产生不利的影响，这是系统的外部条件要求。

从系统内部来看，它们由许多层次的子系统组成，系统与子系统之间有着复杂的关系，如纵向的上下关系、横向的平等关系以及纵横交叉的相互关系等。但不管这些关系如何复杂，有一条基本原则是不变的，即下层系统以达成上层系统的目标为任务，横向各子系统必须用系统总目标协调行动，各附属子系统要为实现系统整体目的而存在。因此，任何子系统的不适应或不健全，都将对系统的整体功能和目标产生不利的影响；系统内各子系统的上下左右之间往往会出现矛盾因素和不确定因素，对这些因素能否及时了解、掌握和正确处理，将影响到系统整体功能和目标的实现。系统本身的功能和目标是否合理也有研究分析的必要。不明确、不恰当的系统目标和功能，往往会给系统的生存带来严重后果，系统的运行与管理，要求有确定的指导方针。综上所述，不管从系统的外部或内部，不论是设计新系统或是改进现有系统，系统分析都是非常重要的。

系统分析的重要意义还在于系统分析不是最终目的，最终目的是为系统决策服务。因此，系统分析应为决策提供各种分析数据、各种可供选择方案的利弊分析和可行条件等，使决策者在决策之前心中有数，有权衡选择比较优劣的可能性，从而提高决策的科学性和可行性。系统决策的正确与否和系统分析的水平与质量高低关系极为密切。如果说决策的正确与否关系到事业的成败，那么，系统分析则是构筑这些成败的基石。

2.1.2.2 系统分析的原则

系统分析是一个有目的、有步骤的探索、分析过程。系统分析人员要使用科学的分析工具和方法，对系统的目的、功能、环境、费用、效益等进行充分的调查研究，收集和整理有关资料与数据，据此建立若干替代方案及相应的数学模型，开展仿真试验，把试验、分析、计算的各种结果进行比较和评价，最后得出完整与正确的结论并提出可行建议，作为决策依据。进行系统分析的原则如下。

（1）整体性与目的性原则。系统分析不同于一般的技术经济分析，除了有更为广泛的内容外，必须着重于系统的整体目标，以发挥系统整体的最大效益为前提。系统总体最优往往会要求某些局部放弃其最优的利益与要求，不应局限于个别局部或子系统的利益来削弱系统的整体利益。此外，系统分析时，还应站在高一层次的立场与角度来观察，例如注意防止社会公害和环境污染等问题。

（2）递阶分层分解和综合协调原则。大系统特别是复杂的巨系统常可分解为若干子系统，形成许多层次等级。因此，分析时可遵循递阶分层分解和综合协调的原则，将大系统逐层分解，即所谓"化整为零"，使问题简约清晰，便于深入研究；然后根据系统整体与各层次的目标互相协调配合，将子系统"集零为整"，只有各子系统实现各自功能，并相互协调一致，才能实现整体目标并达到最优。

（3）长远利益与当前利益相结合的原则。不论是创建新系统还是改进已有系统，必须从整个系统的生命周期出发，要有预见性，兼顾当前利益与长远利益。人类历史上由于不遵循此原则，曾有不少惨痛教训，如西亚（美索不达米亚、小亚细亚）地区，为了获得耕地而乱砍森林，破坏了水源涵养场所，致使今天成为不毛之地；我国大跃进时期，建设单位为追求当时的片面利益与政治需要，致使工程质量低劣，建设时省了小钱而维修时却花了大钱，并给工程带来了诸多隐患。

（4）充分运用定量方法，并与定性分析相结合的原则。系统分析内容主要是定量化方法。解决问题不能单凭想象、经验或直觉，在许多复杂情况下要获得可靠的能反映问题本质性的结果，必须运用各种近现代的定量化方法。当然一个方案的优劣虽以定量分析数据为依据，但又绝不能忽视定性因素。首先定量分析要建立在对系统本质属性和规律性的定性分析和深入理解的基础上，其次要遵守国家的政策法规，维护社会公德，保护环境，而且用定量方法得到的某些结论也还要用定性分析方法加以综合、推理与判断。此外，由于复杂系统往往受众多社会、经济、环境、技术因素的影响，且其中不少可能是不确定因素，需要进行某种预测与判断，因此分析过程中会掺杂决策者个人的价值观和对未来的理性判断甚至臆断，这样从方法论上看系统分析不仅需要数学计算与分析，还需要直观经验和主观推理，两者结合才能更有效地解决问题。

（5）针对性原则。系统分析虽是具有普遍意义的科学方法和手段，但在应用上又以特定问题为对象，有很强的针对性，其目的在于求得解决该问题的最优方案。因此，一定要开展对具体对象的调查研究，实施不同的分析，采取针对性的求解策略和方法，才能取得良好的效果。

2.1.3　系统分析的步骤

1. 划定问题范围

进行系统分析，首先要明确问题性质，划定问题范围。一般来说，问题是在一定的外部环境作用和系统内部发展的需要中产生的。它不可避免地带有一定的本质属性和存在范围。只有明确了问题的性质和范围后，系统分析才有可靠的起点。其次，要进一步研究问题所包含的因素，因素间的联系以及和外部环境的联系，把问题界限进一步划清。比如一个企业长期亏损，涉及产品的品种和质量、销售价格、上级的政策界限、领导班子、技术力量、管理不善等多方面的问题，那么究竟哪些因素属于这个问题的范围？问题界限的划定如图 2.1 所示。

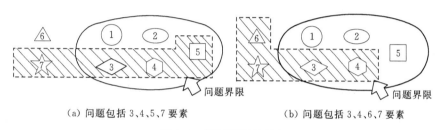

（a）问题包括 3、4、5、7 要素　　　　（b）问题包括 3、4、6、7 要素

图 2.1　问题界限的划定

2. 确定目标

为了解决问题，要确定具体的目标。它们通过某些指标表达，而标准则是衡量目标达到的尺度。系统分析是针对所提出的具体目标而展开的，由于实现系统功能的目的是靠多方面因素来保证的，因此系统目标也必然有若干个。如经营管理系统的目标就包括品种、产量、质量、成本、利润等，而一项目标本身又可能由更小的目标集组成，比如利润是一个综合性目标，要增加利润，就要扩大盈利产品的销售量和降低单位产品成本，而要增加销售又要做好广告、组织网点、服务等工作，采取正确的销售策略等。在多项目标情况下，要考虑各项目标的协调，防止发生抵触或顾此失彼。在明确目标过程中，还要注意目标的整体性、可行性和经济性。

3. 收集资料，提出方案

资料是系统分析的基础和依据。根据所明确的总目标和分目标，集中收集必要的资料和数据，为分析做好准备。收集资料通常多借助于调查、实验、观察、记录以及引用外国资料等方式。收集资料切忌盲目性。有时说明一个问题的资料很多，但不是都有用，因此，选择和鉴别资料又是收集资料中所必须注意的问题。收集资料必须注意可靠性，说明重要目标的资料必须经过反复核对和推敲。资料必须是说明系统目标的，对照目标整理资料，找出影响目标的诸因素，而后提出达到目标条件的各种替代方案。所拟定的替代方案应具备创造性、先进性、多样性的特色。先进性是指方案在解决问题上应采纳当前国内外最新科技成果，符合世界发展趋势，前瞻未来若干年，当然也要结合国情和实力；创造性是指方案在解决问题上应有创新精神，新颖独到，有别一般，包容设计人员的一切智慧的结晶；多样性是指所提方案应从事物的多个侧面提出，解决问题的思路是使用多种方法计算模拟方案，避免落于主观、直觉的误区。

4．建立分析模型

建立分析模型之前，首先要找出说明系统功能的主要因素及其相互关系，即系统的输入、输出、转换关系、系统的目标和约束等。由于表达方式和方法的不同，而有图示模型、仿真模型、数学模型、实体模型之分。通过模型的建立，可确认影响系统功能目标的主要因素及其影响程度，确认这些因素的相关程度、总目标和分目标的达成途径及其约束条件等。

5．分析替代方案的效果

利用已建立的各种模型对替代方案可能产生的结果进行计算和测定，考察各种指标达到的程度。比如费用指标，则要考虑投入的劳动力、设备、资金、动力等，不同方案的输入、输出不同，得到的指标也会不同。当分析模型比较复杂、计算工作量较大时，应充分应用计算机技术。

6．综合分析与评价

在上述分析的基础上，再考虑各种无法量化的定性因素，对比系统目标达到的程度，用标准来衡量，这就是综合分析与评价。评价结果，应能推荐一个或几个可行方案，或列出各方案的优先顺序，供决策者参考。鉴定方案的可行性，系统仿真常是经济有效的方法。经过仿真后的可行性方案，就可避免实际执行时可能出现的困难。

有些复杂的系统，系统分析并非进行一次即可完成。为完善修订方案中的问题，有时根据分析结果需要提出的目标进行再探讨，甚至重新划定问题的范围。

上述分析程序只适用于一般情况，并非固定不变的规则。在实际运用中，要根据情况处理，有些项目可平行进行，有些项目可改变顺序。

系统分析程序框图如图2.2所示。

2.1.4　水资源系统分析

水资源系统是一个由人工系统与自然系统组成的开放复合系统，主要表现在：水资源系统是自然系统的一员，与自然界的生态、环境有着天然的渊源；它又是社会系统的一部分，与人类社会和经济发展有密切的关系。

水资源系统是以水为主体构成的一种特定的系统。这个系统是指处于一定范围或环境下，为实现水资源开发目标，由相互联系、相互制约、相互作用的若干水资源工程单元和管理技术单元组成的有机体。这些物质的和概念的单元之间既存在关联性，也存在相对独立性，前者是构成系统整体性的前提，后者是划分系统（子系统）与环境、识别系统内容结构的必要条件。

水资源系统工程一般是在满足水土资源平衡、综合利用和环境保护的前提下，完成下列3个任务：

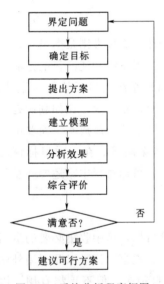

图2.2　系统分析程序框图

（1）确定水利设施（如水库、电站、渠道、水闸、泵站等）的布局和尺寸。

（2）确定各种水利部门的开发规模（如灌溉保证供水量、水电站的保证出力、防洪除涝的设计标准等）。

（3）确定最优运行策略（如灌区用水计划和水库控制运用计划等）。

用水资源系统工程的理论和方法解决上述的各项任务时，首先要明确系统的组成要素和边界，确定哪些对象是系统的组成部分，哪些对象是环境的组成部分。由于系统不可能罗列所有相互作用的对象，故只能把主要的相互作用的对象作为系统的组成要素。那些不包括在系统之内的对象，即看成环境对系统的作用部分，并作为向系统输入和输出的形式处理。

系统分析在水资源系统中的应用，贯穿于水资源系统规划、设计、施工、运行和管理的各个阶段。

系统规划阶段：在明确系统概念、系统建设的必要性以及系统的目的、开发目标、约束条件、环境要求后，制定开发方案，通过系统分析，确定开发规模、建成期限、投资效益大小等，并初步选定可行方案。

系统设计阶段：找到各个可行方案，经过系统分析，得到各方案的技术指标、投资、效益、综合评价，比较确定最优方案。

系统施工阶段：施工的组织管理、施工场地的总体布局。各个子系统如土石开挖系统、混凝土拌和系统、场地交通系统、风水电供应系统的合理布局、日常施工管理如资金、人员等的合理调配，均需通过系统分析使其达到全局协调。

系统运行阶段：需通过系统分析，寻找各个条件下的最优运行方案，以获取系统开发目标的最大价值。

系统管理阶段：通过系统分析，使系统的人、财、物、信息处于最优状态，从而使得水资源系统的经济效益、社会效益等不断提高和改进。

一个水资源系统的良性运转，要通过系统分析，从中找出满意的方案，予以实施和管理。因此，系统分析是水资源系统可持续发展的一个重要工具和手段。

2.2 系统分析内容

2.2.1 系统分析的要素

（1）目标。系统所期望达到的目标或对系统的整体要求是建立系统的根据，也是系统分析的出发点。

对系统目标要给出具体的定义，经过分析后，确定目标应当是必要的、有根据的、可行的。"必要的"是说明为什么要做这样的目标选择；"有根据的"是说要拿出确定目标的背景材料和从各个角度的论证和论据；"可行的"是说，它在资源、资金、人力、技术、环境、时间等方面是有保证的。

（2）替代方案。替代方案是优化的前提，没有足够数量的方案就没有优化。只有在性能、费用、效益、时间等指标上互有长短并能进行对比的，才称得上是替代方案。替代方案必须有定性和定量的分析和论证，必须提供执行该方案时的预期效果。

（3）指标。指标是对替代方案进行分析的出发点，是衡量总体目标的具体标志。分析的指标包括有关技术性能及技术的适应性、费用与效益、时间等内容。技术性能和技术适应性是技术论证的主要方面，费用与效益是经济论证的标志，时间是一种价值因素，进度和周期是其具体表现。

指标的设定必须反映该项分析的特性，并从此特性引出具体的指标，不能一般化，而且最好能数值化，并便于计算与对比。不同指标的分析对比是决定方案取舍的标志。

（4）模型。根据目标要求，用若干参数或因素体现出系统本质方面的描述，以分析的客观性、推理的一贯性和可能的有限的定量化为基础。使用模型进行分析，是系统分析的基本方法。通过模型可以预测出各种替代方案的性能、费用与效益、时间等指标的情况，以利于方案的分析与比较，模型的优化与评价，是方案论证的判断依据。

（5）标准。标准即评价指标，是评价方案优劣的尺度。标准必须具有明确性、可计量性和敏感性。明确性是指标准的概念明确、具体、尽量单一，对方案达到的指标，能够作出全面衡量。可计量性是指确定的衡量标准，应力求是可计量和可计算的，尽量用数据表达，使分析的结论有定量的依据。敏感性是指在多个衡量标准的情况下，要找出标准的优先顺序，分清主次，尤其应找出对输出反应非常敏感的输入，以便控制输入达到更好的输出和效果。根据标准对方案指标进行综合评价，最后可按不同准则排出方案的优先顺序。标准可能包括：费用效益比、性能周期比、费用周期比等。

（6）决策。有了不同标准下的方案的优先顺序之后，决策者还要根据分析结果的不同侧面，个人的经验判断，以及各种决策原则进行综合的整体的考虑，最后作出选优决策。各种决策原则包括：当前与长远利益相结合，局部和整体效益相结合，内部和外部条件相结合，定量和定性相结合。

2.2.2 系统分析的主要内容

系统分析的主要内容有：收集与整理资料，开展环境分析；进行目的分析，明确系统的目标、要求、功能，判断其合理性、可行性与经济性；剖析系统的组成要素，了解它们之间的相互联系及其与实现目标间的关系（结构分析）；提供合适的解决方案集；构建模型、仿真分析和模拟试验；经济分析、计算各方案的费用与效益；评价、比较和系统优化；提出结论和建议等。

2.3 常用的系统分析模型与方法

系统分析模型与方法是进行系统分析过程中进行定性与定量综合分析的重要内容。为此本节将在简要介绍系统模型的基础上，着重介绍德尔菲法、成本效益分析法、技术经济分析法以及系统分析案例。

2.3.1 系统模型

系统模型是系统分析中一个重要的手段。水资源系统十分庞大而复杂，必须借助系统模型来描述真实系统的特性和变化规律。

水资源系统分析中常用的系统模型可分为两大类：

（1）抽象模型。抽象模型是对实际系统的数学表述，亦称数学模型，是应用最广的系统模型。

（2）实际模型。把实际系统的结构和行为按原样作为组成因素，用集合的方法组成的模型，也就是所谓的模拟模型。

所构造的模型，应满足下列要求：

1）现实性——所建模型是可求解的和可实现的。

2）可靠性——所建模型在允许的精度范围内能较好地反映实际系统的本质属性，具有代表性。

3）简洁性——有简洁的结构及算法，且灵活、省时。

系统模型通常由 3 部分组成，即模型部件、模型变量和相互关系。

（1）模型部件。模型部件是模型的组成元素，水资源系统的组成元素为建筑物，如水库、水电站、渠道、灌区及旅游设施等。

（2）模型变量。水资源系统中的模型变量有决策变量、状态变量、模型参数、输入变量和输出变量等。

（3）相互关系。所谓相互关系是指表征系统模型各部件间相互制约和相互依存的各种联系。在水资源系统分析中的相互关系表现为系统运行程序、约束和设计准则等。

2.3.2　德尔菲法

德尔菲法是一种专家咨询法。它是依靠若干专家背靠背地发表意见，各抒己见；同时，对专家的意见进行统计处理和信息反馈，经过几轮循环，使得分散的意见逐次收敛，最后达到较高的准确性。

这种方法一般应用于系统的预测对象尚未掌握足够的数据资料，且社会环境又为主要影响因素而难以进行定量预测时的定性预测。

2.3.2.1　德尔菲法的基本程序

（1）确定目标。目标的选择与确定，应以本系统中对发展规划有重大影响且意见分歧较大的课题为依据，预测期限一般以中、远期为宜（例如预测到 2025 年或 2050 年）。

（2）选择专家。德尔菲法的基本工作之一是通过专家对未来事件的发生与否作出概率估计，因此，专家选择是预测分析成败的关键。其主要要求如下：

1）专家总体的权威程度较高。

2）专家的代表面应该广泛，一般应包括技术、管理、情报专家和高层决策者。

3）要严格执行专家推荐与审定的程序，审定的内容主要是了解专家对预测目标的熟悉程度，以及是否有时间参加预测等。

4）恰当选取专家人数。一般以 20～50 人为宜，大型预测可达 100 人左右。

（3）设计评估意见征询表。德尔菲法的征询表格没有统一的格式，但必须符合以下原则。

1）表格的栏目都要紧扣预测目标，力求使预测事件与专家所关心的问题保持一致。

2）表格简明扼要。设计得好的表格通常是使专家们思考的时间长，回答问题的时间短。

3）填表方式简单。对不同类型的事件（如方针政策，技术途径，实现时间，费用分析，关键技术的重要性、迫切性和可能性等）进行评估时，尽可能让专家以数字或字母表示完成。

（4）专家征询过程。德尔菲法专家征询一般包括 3～4 轮征询。

第一轮：事件征询。发给专家的表格只提出征询预测目标，而由专家提出应预测的事件。

第二轮：事件评估。由专家独自对第二轮表格中的各个事件作出评估。

评估的主要内容一般应包括以下几项。

1）产量评估或新技术突破的年份预测。

2）事件的正确性、迫切性和可能性评估。

3）方案择优（择优选一或择优排队）。

4）投资比例的最佳分配。

专家的评估结果应以最简单的方式表示。

第三轮：轮间信息反馈与再征询。将前一轮的评估结果进行统计处理，得出专家总体的评估结果的分布，求出其均值与方差，将这些信息反馈给各位专家，并对他们进行再征询。

第四轮：轮间信息反馈与再征询，类似于第三轮。

这样就能得到程度较高的一致结果，从而整理出预测结果报告。至此，系统分析中的预测分析即告结束。

2.3.2.2 德尔菲法的结果分析与处理

德尔菲法的一项重要工作是在每轮征询之后的结果分析和处理。在处理之前，要将定性评估结果进行量化。常用的量化方法是将各种评估意见分为程度不同的等级，或者将不同的方案用不同的数字表示，然后求出各种评估意见的概率分布。在概率分布中，由均值来表示最有可能发生的事件，由方差来表示不同意见的分散程度，以便作出下轮评估。

现就第二轮中的 4 项主要评估内容的处理方法和表达方式介绍如下。

（1）产量和年份预测数据的处理。一般采用四分位图表示处理结果。现以 13 位土木建筑专家对三峡水利工程泥沙淤积预测评估为例，其评估值按顺序排列如下：

2065 年，2067 年，2069 年，2071 年，2075 年，2077 年，2079 年，2081 年，2083 年，2085 年，2087 年，2089 年

鉴于长江泥沙含量已达到 50 年前黄河的泥沙含量，所以专家们预测三峡水利工程将面临 1980 年后泥沙淤积堆满坝面的险情。这 13 位预测专家分为 A、B、C 3 类的第二轮评估结果如上所述。

在处理时，将该时间轴分为四等份（图 2.3），B 为中分位点，它所对应的年份为中位数即 2078 年，A 为下四分位点，C 为上四分位点。上、下四分位点之间的区间是

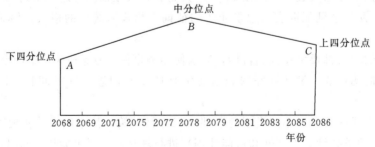

图 2.3 专家意见的分散程度示意图

2068—2086 年，表示了专家意见的分散程度。

在下一轮征询中将这些信息反馈给各位专家。那么，原来预测年份为 2065 年、2067 年以及 2087 年、2089 年的几位专家就有较大可能修改各自的评估意见，自动向中位数靠拢，使得评估结果相对集中。经过几轮征询后，可以得到一致程度很高的结果（即 1980 年后，大坝将被泥沙淤满）。

（2）事件的正确性、迫切性和可能性。评估结果的处理分为分值评估和等级评估两种。分值评估一般采用五分制或百分制，等级评估可采用等级序号作为量化值。

在分值评估中，计算均值和方差的公式为

$$\overline{x} = \frac{\sum\limits_{i=1}^{m} x_i}{m} \tag{2.1}$$

$$\delta^2 = \frac{1}{m-1} \sum\limits_{i=1}^{m} (x_i - \overline{x})^2 \tag{2.2}$$

式中：m 为专家总人数；x_i 为第 i 位专家的评分值。

在等级评估中，计算均值和方差的公式为

$$\overline{x} = \frac{\sum\limits_{i=1}^{n} x_i n_i}{\sum\limits_{i=1}^{n} n_i - 1} \tag{2.3}$$

$$\delta^2 = \frac{\sum\limits_{i=1}^{n} (x_i - \overline{x})^2 n_i}{\sum\limits_{i=1}^{n} n_i - 1} \tag{2.4}$$

式中：n 为评估等级数目；x_i 为等级序号，$i=1$，2，…，n；n_i 为评为第 i 等级的专家人数。

专家们根据前一轮所得出的均值与方差信息来修改自己的意见，从而使 $\overline{x}$ 值逐次接近最后的评估结果，同时，使 δ^2 越来越小。这样，事件的准确性越来越高，意见的离散程度越来越小。

（3）方案选择的结果处理。采用优先程度的顺序号作为量化值进行数据处理，或者用优先程度的分值进行数据处理，如式（2.5）、式（2.6）所示。

在分值评估时，还可计算另一个指标：满分率。记满分频率为 K_j，则

$$K_j = \frac{m_j}{m} \tag{2.5}$$

式中：m_j 为第 j 方案给满分的专家人数。

K_j 越大，表示第 j 方案的重要性越高。

为表示对第 j 方案的专家意见的一致程度，可以采用变异系数 V_j，即

$$V_j = \frac{\sqrt{\delta_j^2}}{\overline{x}_j} = \frac{\sqrt{\dfrac{1}{m-1}\displaystyle\sum_{i=1}^{m}(x_{ij}-\overline{x}_j)^2}}{\dfrac{1}{m}\displaystyle\sum_{i=1}^{m}x_{ij}} \tag{2.6}$$

式中：x_{ij} 为第 i 位专家对第 j 方案的评估值；$\overline{x}_j$ 为第 j 方案的均值；δ_j^2 为第 j 方案的方差。

由式（2.6）可知，V_j 越小，表示专家们对第 j 方案的意见一致性越好。

（4）投资分配结果处理。投资比例最佳分配的结果处理是采用上述各公式来计算均值与方差等。

（5）数据加权处理。鉴于专家们从事的工作及其经验各不相同，对各种问题的应答不可能都具有相同的权威程度。为了提高预测精度，除了要求专家对他所不熟悉的问题不作评估外，组织者对他所了解的问题也要根据其熟悉程度进行加权处理。

最简单的加权方法是在统计专家人数时，将每位专家的权威系数计算在内。例如在择优选一的评估中，计算第 K 方案的百分比加权公式为

$$K_{Jk} = \frac{\displaystyle\sum_{i=1}^{n_k} C_{Ji}}{\displaystyle\sum_{i=1}^{n} C_{Ji}} \tag{2.7}$$

式中：K_{Jk} 为在 J 事件中选中第 k 方案的百分比；n 为评估 J 事件的专家总人数；n_k 为选中 J 事件中第 K 方案的专家人数；C_{Ji} 为第 i 位专家了解 J 事件的权威系数，主要根据专家的经历、职务、年龄以及专家的自我评定等情况来确定。

（6）应用德尔菲法应注意的问题。德尔菲法是一种面对许多非技术性因素反应敏感，且相关因素众多的系统分析中的定性预测，比较简单易行。因此采用该方法进行定性预测时要注意以下问题：

1）注意专家之间的保密性是德尔菲法的一大特点与关键。

2）选择专家时不仅要注意选择精通技术、有一定名望、有学科代表性的专家，同时还要注意选择边缘学科、社会学和经济学等方面的专家。

3）预测工作的组织者在制定征询表的同时，要向专家们重点讲清德尔菲法的特点、实质、轮间反馈的作用以及均值、方差等统计量的意义，还要讲清征询意见的横向保密性。

4）专家评估的最后结果是建立在统计分布的基础上的，它具有一定的不稳定性。

2.3.3　成本效益分析法

1. 成本效益分析的基本概念与方法

（1）成本效益分析的基本概念。成本效益分析是在多个备选方案之中，通过成本与效益的比较来选择最佳方案。所谓成本，是以货币形式表示的各种耗费之和；所谓效益，则是用成本换来的价值、功能或效果，它可以用货币来表示，也可以用其他意义的指标来表示，例如安全性、可靠性、信誉、完成任务的概率、完成任务的工期等单项指标或综合性指标。在不同的问题中，采用不同的指标。尤其在当代社会，人们还进一步考虑以社会效益、生态环保效益等来表示。

（2）成本效益分析的基本方法。设 C_1、C_2 分别为甲、乙两个方案的成本，效益分别为 E_1、E_2，评价标准通常有如下 3 种。

1）效益相同时，取成本最小者，即设 $E_1 = E_2$，$C_1 > C_2$，则取乙方案。

2）成本相同时，取效益最大者，即设 $C_1 = C_2$，$E_1 > E_2$，则取甲方案。

3）当成本效益均不相同时，定义效益与成本比率为

$$V = \frac{E}{C} \tag{2.8}$$

取比值 V 最大者，即

如设

$$V_1 = \frac{E_1}{C_1} > V_2 = \frac{E_2}{C_2}$$

则取甲方案。

当 $V_1 = V_2$ 时，认为两个方案等价。如果还要评价其优劣，则应考虑选用其他指标或通过其他途径来比较。

成本效益分析也可以采用图解法。现就两种图解法介绍如下。

a. 取成本 C 为横坐标，效益 E 为纵坐标，作各个方案的成本效益曲线，设如图 2.4 所示。

在图 2.4 中，两个方案的成本效益曲线交于 A 点。此时，两个方案的成本相同，效益相同，对于评价标准 1），是用水平线去截取，显然：

当 $E_1 = E_2 > E_A$ 时，$C_1 > C_2$，就是说，甲方案劣于乙方案；

当 $E_1 = E_2 < E_A$ 时，$C_2 > C_1$，就是说，甲方案优于乙方案。

对于评价标准 2），是用垂直线去截取，显然：

当 $C_1 = C_2 > C_A$ 时，$E_2 > E_1$，就是说，甲方案劣于乙方案；

当 $C_1 = C_2 < C_A$ 时，$E_1 > E_2$，就是说，甲方案优于乙方案。

对于评价标准 3），由图 2.4 按照式（2.21）不难计算比值 V，从而进行选择。

b. 取横坐标表示方案，纵坐标表示成本 C 与效益 E，分别做成本曲线和效益曲线，如图 2.5 所示。

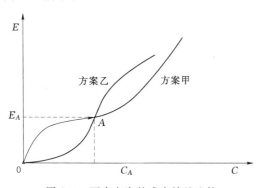

图 2.4　两个方案的成本效益比较

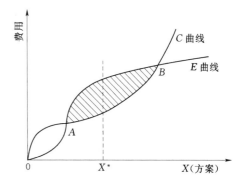

图 2.5　多个方案的成本效益比较

很显然，此时要求效益须用货币单位表示。如果不能用货币单位表示，则可将成本效益分别化为某种相对指标，例如均按百分数计算。图 2.5 中，成本曲线与效益曲线均随决

策变量 X 的取值而变化。比如 X 值表示某种产品的产量，不同的产量表示不同的方案，从而 X 坐标即表示不同的方案。图 2.5 中两条曲线交于 A、B 两点。在 A 点以下，B 点以上，成本高于效益，故不予考虑；在 A、B 两点之间，效益高于成本，当 $X=X^*$ 时，其差额为最大，故方案 X^* 为最优。实际上，该方法是采用了以下计算公式：

$$V=E-C$$

在式中与图中，E 与 C 的量纲必须一致。

2. 资金的时间价值与等值计算

（1）资金的时间价值。资金与时间存在密切关系，资金具有时间价值。现在用来进行投资的一笔资金比将来同一数值的资金更有价值。这是因为当前可用的资金能够立即进行投资并在将来获得更多的资金。而在将来才能收取的资金则不能在今天投资，也无法赚取更多的资金。

资金的时间价值应该这样理解：若将资金存入银行，相当于资金所有者放弃这些资金的时间价值，通常采用利息来表示。如果向银行借贷而占用资金，也要付出一定的利息作为代价。我们要评价方案的经济效益，应该考虑资金的时间价值，对各方案的成本与效益进行适当的折算，使它们具有可比性。

利息通过利率计算。利率是经过一定期限后的利息额与本金之比，通常用百分数表示。

计算利息的时间单位有年、月、日等。

利息的计算分单利法与复利法两种。

用单利法计算利息时，仅用本金计算利息，不把先前周期的利息加入本金，即利息不再产生利息。

用复利法计算时，要把先前周期的利息加入本金，即利息再生利息。基本计算公式如下。

单利法： $$F=P(1+in) \tag{2.9}$$

复利法： $$F=P(1+i)^n \tag{2.10}$$

式中：F 为本金与全部利息之和，简称本利和（将来值）；P 为本金（现值）；i 为利率；n 为计算利息的周期数。

复利法比较符合资金在社会再生产过程实际运作的情况，下面将着重介绍按复利法对资金的等值计算。

（2）资金的等值计算。考虑到资金的时间价值，同一笔资金在不同时点上的数值是不相等的。反过来可以说，在不同时点上数值不等的资金折合到同一时点上可能是相等的。这种折合就是资金的等值计算。

1）整付本利和问题。

问题：一个整付本金为 P、利率为 i，经过 n 期后的本利和为多少？

现将问题用如图 2.6 所示的时间标尺来说明。

计算公式为复利法基本公式：

$$F=P(1+i)^n=P\mu_{PF} \tag{2.11}$$

式中：$\mu_{PF}=(1+i)^n$，称之为整付本利和系数。

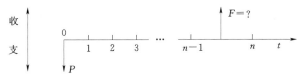

图 2.6 整付本利和问题图示

2）整付现付问题。由式（2.11）进行逆运算得

$$P=\frac{F}{(1+i)^n}=F\mu_{FP} \tag{2.12}$$

式中：

$$\mu_{FP}=\frac{1}{(1+i)^n}=\frac{1}{\mu_{PF}} \tag{2.13}$$

该式说明：在利率为 i 时，n 期后一笔资金 F 如何折算为现值。

3）等额分付本利和问题。如果每期期末发生（储蓄或借贷）等额本金 A，利率 i，经过 n 期后本利和（总额）可用图2.7所示，由式（2.14）计算。

$$\begin{aligned} F &= A+A(1+i)+A(1+i)^2+\cdots+A(1+i)^{n-1} \\ &= A\frac{(1+i)^n-1}{i} \\ &= A\mu_{AF} \end{aligned} \tag{2.14}$$

式中：$\mu_{AF}=\dfrac{(1+i)^n-1}{i}$ ，称为等额分付本利和系数。

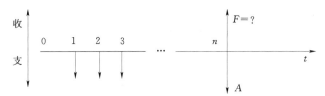

图 2.7 等额分付本利和问题图示

式（2.14）即为等额分付本利和计算公式。

4）等额分付现值问题。将式（2.14）代入式（2.10），得

$$P=\frac{F}{(1+i)^n}=A\frac{(1+i)^n-1}{i}\frac{1}{(1+i)^n}=A\mu_{AP} \tag{2.15}$$

式中：$\mu_{AP}=\dfrac{(1+i)^n-1}{i(1+i)^n}=\dfrac{(1+i)^n-1}{i}\dfrac{1}{(1+i)^n}=\mu_{AF}\mu_{FP}$ ，称为等额分付现值系数。

式（2.15）表示的含义是：当期期末发生等额资金 A，利率为 i，经过 n 期后的本利和折合为现值 P 的资金额。

5）等额分付积累基金问题。对式（2.14）进行逆运算，得

$$A=F\frac{i}{(1+i)^n-1}=F\mu_{FA} \tag{2.16}$$

式中：$\mu_{FA}=\dfrac{i}{(1+i)^n-1}=\dfrac{1}{\mu_{AF}}$ ，称为等额分付积累基金系数。

式（2.16）的含义是：为了在第 n 期末积累起基金 F，在利率为 i 的情况下，每期末需等额投入的资金额，其描述如图 2.8 所示。

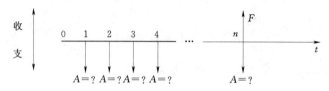

图 2.8　等额分付积累基金问题的图示

6）等额分付资本回收问题。若初始投资为 P，年利率为 i，为在 n 期末将投资全部收回，每期期末应等额回收多少？

该问题如图 2.9 所示。

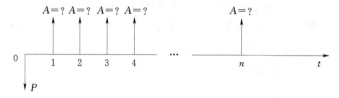

图 2.9　等额分付资本回收问题的图示

对式（2.15）进行逆运算就可以回答此问题。

$$A = P \frac{i(1+i)^n}{(1+i)^n - 1} = P\mu_{PA} \tag{2.17}$$

式中：$\mu_{PA} = \dfrac{i(1+i)^n}{(1+i)^n - 1}$，称为等额分付资本回收系数。

7）投资回收期问题。在式（2.17）中，如果已知 A、P、i，需求期数 n。这就是投资回收期的计算问题。由式（2.17）可得出如下公式：

$$n = \frac{-\lg(1 - Pi/A)}{\lg(1+i)} \tag{2.18}$$

2.3.4　技术经济分析法

技术经济分析是系统分析的一个重要方面。所谓技术经济分析就是对技术方案的经济效益进行分析、计算和评价，从中区分出技术先进、经济合理的优化方案，为决策工作提供科学的依据。

1. 技术与经济的协调关系

（1）技术的含义。所谓技术是指根据生产实践经验和自然科学原理，为实现一定的目的而提出的解决问题的各种操作技能以及相应的劳动工具、生产的工艺过程或作业方法。也就是说，技术是包括劳动工具、劳动对象和劳动者技能在内的一种范畴的总称。它是变革物质、进行生产的手段，是科学与生产相互联系的纽带，是改造自然、推动经济发展和社会进步的力量。当代，作为技术的延伸，出现了"软技术"。

（2）经济的含义。"经济"一词是多含义的：首先是指生产关系，如经济制度、经济基础等名词中的经济概念；其次是指物质财富的生产以及相应的交换、分配、消费，例如通常所说的经济活动，即生产与流通过程；第三是指节约与收支情况，例如日常生活及生产中常说的"经济实惠""价廉物美"等。技术经济分析术语中的"经济"一词，其含义主要是指节约与收支情况。

（3）技术与经济的协调关系。技术与经济是密切相关的，它贯穿于人类社会物质生产中，既互相促进，又互相制约。经济发展的需要是技术进步的原动力和方向，技术进步则是推动经济发展的重要条件和手段。

明显的经济目的性是技术的出发点。对于任何一种技术，都不能不考虑其经济效益。技术不断发展的过程同时也是其经济效益不断提高的过程。随着技术的进步，人类能够用较少的人力、物力获得更多更好的产品或服务。从这一方面看，技术的先进性同它的经济合理性是一致的。先进的技术通常具有较高的经济效益。

另一方面，技术的先进性与其经济性之间存在着一定的矛盾。因为在实际生产中采用何种技术，不能不受当时当地的自然条件与社会条件的约束。而条件不同，同一种技术所带来的经济效益也不同，所以考察技术不仅要看它的先进性，还要看其适应性。

研究技术与经济之间的合理关系，寻求技术和经济协调发展的规律，是技术经济学的重要任务。在当代，技术经济分析要着重关注人类社会的可持续发展。当代社会，人的物质享受大大丰富了，同时，不少学者提出疑问：科学技术究竟给人类带来了什么？是福是祸？全球环境污染、生态恶化、臭氧层空洞、水土流失、大面积荒漠化、资源枯竭等，人类不得不扪心自问：我们今天能够发展，我们的后代还能不能发展？由此可知，进行技术经济分析时应对此给予充分重视。

2. 技术经济分析的指标体系

进行技术经济分析必须有一套指标体系，用来衡量生产活动的技术水平和经济效益。不同的部门或企业，其技术经济指标体系不尽相同，都是同自身的产品、原材料、机器设备、工艺过程等适应，同系统的开发密切相关的。但是，在各种指标体系中，有一些指标是构成其他指标的基本要素，而且，在技术经济分析中是首先要考虑的，称为基本指标。例如产值、成本、收入、投资、价格等。

（1）产值。产值分为总产值与净产值。

1）总产值。总产值是企业或部门在一定时期内生产活动成果的货币表现，它可以按下式计算：

$$S = \sum_{i=1}^{n} K_i x_i \tag{2.19}$$

式中：K_i 为第 i 种产品（或服务）的价格；x_i 为第 i 种产品（或服务）的产量（或工作量）。

这里所说的产品与服务，包括成品、半成品、在制品以及其他生产和服务活动。

从政治经济学的观点看，总产值由 3 部分构成：

$$S = C + V + M$$

式中：C 为已消耗的生产资料的转移价值；V 为劳动者自己创造的价值；M 为劳动者为社会创造的价值。

从国民经济宏观而言，总产值计算包含了许多重复内容，这是不合理的。所以，在我国目前的国民经济核算体系中已不采用总产值指标作为一个参考指标。但在微观经济分析中，总产值仍然可以作为一个参考指标。

2）净产值。净产值是企业或部门在一定时期内生产活动中新创造的价值。它反映生产活动的净成果，是计算国民收入的基本依据。计算净产值一般有生产法与分配法两种方法。

生产法是以总产值减去生产过程中的物质消耗（原材料、燃料、外购电力、生产用固定资产折旧等）所得余额为净产值。记净产值为 N，可表示为

$$N=S-C \tag{2.20}$$

式中：S 为总产值；C 为已消耗的生产资料的转移价道。

分配法是从国民收入初次分配的角度出发，把构成净产值的各种要素直接相加之和作为净产值。用公式表示如下：

$$N=V+M \tag{2.21}$$

或

$$净产值=工资+税金+利润+其他 \tag{2.22}$$

在实际运用中，两种方法的计算结果往往不一致，一般按生产法计算比较准确，但计算工作比较复杂；分配法计算要简单一些。

（2）成本。企业的产品成本，即企业制造（含销售）产品所发生的费用，主要包括消耗的生产资料价值和支付的劳动报酬。产品成本的构成具体包括：原材料、燃料和动力、工资和费用、废品损失、车间经费——车间成本、企业管理费、销售费用。其中，车间成本＋企业管理费称工厂成本，销售费用＋工厂成本又称完全成本。

产品价值的构成：产品价位 W＝物质劳动的价值补偿 C＋活劳动创造的新价价。

而物化劳动的价值补偿 C＝劳动手段的价值补偿 C_1＋劳动对象的价值补 C_2

活劳动创造的新价值＝为自己的劳动 V＋为社会的劳动 M

其中：

$$C_1=基本折旧费+大修理费用$$

$$C_2=原材料费+燃料费+动力费+其他消耗材料费$$

$$V=工资+奖金$$

$$M=利润 M_1+税金 M_2$$

因而有：

$$产品成本=C_1+C_2+V$$

（3）收入。收入分为销售收入与纯收入。

销售收入是售出产品（或服务）后的收入，即已售出的产品（或服务）的价值。它与总产值不同，总产值包括已生产的与正在生产的产品的价值。

纯收入又称为盈利，是销售收入扣除产品成本后的余额。它是产品价值中劳动者为社会创造的新价值，包括利润与税金。

（4）投资。投资是指为实现技术方案所投入的资金，分为固定资产投资和流动资金。

固定资产是指新建、扩建和恢复各种生产性和非生产性固定资产所投入的资金。所谓固定资产，其特点是能长期提供作用而不改变本身的实物形态，其价位随着生产过程的持续进行以其本身的磨损（折旧）而逐渐转移到产品成本中去。

流动资金系指用于购买生产所需的原材料、半成品、燃料、动力以及支付工资与各种活动费用的投资。其特点是随着生产过程和流通过程的待续进行，不断地由一种形态转移

成另一种形态。

一般所说的基本建设投资，其中绝大部分用于厂房、设备、仪表、建筑物的购置并形成固定资产；少部分用于施工管理、购置施工机械、生产准备及人员培训等方面，这部分不形成固定资产。

（5）价格。价格是商品价值的货币表现。工业产品的价格由产品成本、税金和利润组成。它分为出厂价格、批发价格和零售价格 3 种，可分别用下列各式表示。

$$出厂价格＝产品成本＋税金＋利润$$

$$批发价格＝出厂价格＋批发商业流通费用＋批发商业利润、税金$$

$$零售价格＝批发价格＋零售商业流通费用＋零售商业利润、税金$$

由此可知，商品从生产企业到达顾客手中，每经过一道中间环节，其价格就会增加一次。由此促使现在出现了厂价直销、货仓式销售，从而减少了中间环节，降低了价格。

3. 技术经济分析的相对指标与可比性

（1）技术经济分析的相对指标。

1）反映资金占用的相对指标。

每百元产值占用的流动资金：一般指年度定额流动资金的平均占用额与同期总产值之比。

每百元产值占用的固定资金：一般指固定资产年度平均原值与同期总产值之比。

2）利润率指标。

资金利润率：利润总额与所占用资金总额（固定资金与流动资金）之比。

工资利润率：利润总额与工资总额之比。

成本利润率：利润总额与产品成本之比。

产值利润率：利润总额与产值之比。

3）劳动生产率。劳动生产率反映劳动者的生产能力，通常是用劳动者在单位劳动时间内所生产的产品数量计算，或者用单位产品所耗费的劳动时间计算。

4）其他相对指标。例如单位产品原材料、燃料、动力消耗量、原材料利用率等。

（2）技术经济分析的可比性。技术经济分析的可比性是指不同的技术方案之间比较经济效益时所必须具备的前提条件，对两个以上的技术方案进行技术经济效益比较时，必须使其满足需要、消耗费用、价格指标以及时间 4 个方面具备可比条件。

1）满足需要可比。一个方案与另一个方案相比较，首先必须在满足社会实际需要上是相当的。例如都是汽车制造方案，都能满足社会对汽车的某种需要。其次还要考虑到方案所能提供的数量与社会需要量是否符合的问题。如果两者不符，提供量小于需要量，社会需要得不到充分满足；提供量大于需要量，就会造成积压，给社会带来损失。短缺经济与过剩经济都是不好的。因此，一个方案与另一个方案比较，必须满足相同的社会需要，否则，它们之间就不能互相替代，也就不能互相比较。

无论哪一个技术方案，总是以其一定的品种、产量、质量和数量的产品来满足社会需要的，故不同技术方案在满足需要方面可比，就是在产量、质量和品种方面使之可比。

2）消耗费用可比。消耗费用可比是指在计算和比较费用指标时，必须考虑相关费用，各种费用的计算必须采取统一的原则和方法。

所谓考虑相关费用，就是不仅要计算、比较方案本身的各种费用，而且还要从整个国民经济系统出发，计算和比较因实现本方案而引起生产上相关的环节（或部门）所增（或节约）的费用。某一部门或某一生产环节的消耗增减，必然会引起与之相关的其他部门或生产环节的耗费变化。例如 IT 产业是为国民经济各部门提供计算机、刻录机等各种电子产品的，IT 产业的技术方案的经济效益不仅表现在本部门，最终必定会在国民经济系统的其他生产部门得到反映。所以，只有用系统的观点全面地考虑，相关费用才是可比的。

采用统一的原则是指在计算技术方案的消耗费用时，各个方案的费用结构和计算范围应当一致，否则可比性就会失去依据。

采用统一的方法是指计算各项费用的方法必须一致。

3）价格可比。价格可比是指在计算各技术方案的经济效益时，必须采用合理的、一致的价格。提出这样的要求，是因为在各个技术方案进行技术经济效益比较时，无论是投入的费用，还是产出的收益，都要借助于价格来计算。

合理的价格是指价格能够真实地反映产品价值，且各种产品之间比价合理。一旦出现价格不合理，可选择两种办法来处理：①采用计算价格或理论价值代替现行市场价格，以最大限度地排除现行市场价格中人为因素的影响；②避开现行价格，采用计算相关费用的方法。例如计算电力机车方案的经济效益时，不用电能价格，而用电厂和输电线路的全部费用，这样就可以符合价格可比条件，这种处理方法，类似于国外在进行投资效益评价中采用影子价格的办法。

一致的价格是指价格种类的一致。由于技术进步和劳动生产率的提高，产品价格是在变化的，故在进行技术方案经济效益比较时，应采用相应时期的价格指标。

2.4 实 例 分 析

以除涝排水系统为例，系统内一般包括调蓄湖泊、排水闸、排水泵站、排水河道和堤防等工程措施，如图 2.10 所示的四湖中下区除涝排水工程系统。该系统属于多区联合调蓄排涝系统，包括福田寺入流闸，新滩口、新堤两个外排闸，6 个大型外排泵站，5 条排水干河。

排涝系统的系统分析，是通过系统内各要素（工程）、各要素的功能、逻辑联系、水力联系等的分析，抓住主要因素，简化对系统功能影响不大的要素，从而建立系统的逻辑网络图。

（1）要素分析。排涝系统的要素，主要是对排涝起到主动和被动作用的各类工程及设施。本系统的要素主要是各类排涝工程。

工程分为两类：一类为闸、站、库等点状分布的控制性工程集合，$V=\{$洪湖, 福田寺闸, 螺山站, 半路堤站, 新滩口站, 南套沟站, 高潭口站$\}$，这一类工程对除涝排水起着主动控制的作用；另一类为联结这些控制点的传输工程，由 5 条排水干河组成，其中排涝河 1 连结福田寺闸与高潭口站，排涝河 2 连结福田寺闸与半路堤站，洪山干 1 连结福田寺闸与洪湖，洪山干 2 连结洪湖与螺山站。

（2）要素间的逻辑关系分析。该集合用 E 来表示，$E=\{$排涝河 1, 排涝河 2, 洪山干渠 1, 洪山干渠 2, 南套河, 内荆河, 排涝河南段$\}$。集合 E 中元素起着行洪的作用，其过流大小

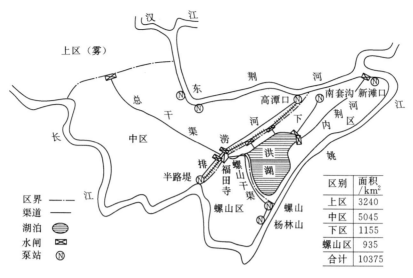

图 2.10　四湖中下区除涝排水工程示意图

受其过流能力制约，用容量上限 U 来表示这种能力。显然，E 中的元素将 V 中的元素连在一起，联系的方式用关系 R 表示。如洪湖与新滩口站通过内荆河相连，可表示为：内荆河 $\xrightarrow{R}$（洪湖，新滩口）。

（3）系统与外部环境的联系。该系统与外部环境的联系体现在两个方面：①环境进入系统的涝水，即上区经过福田寺下泄的洪涝水；②系统内的涝水输出到外部承泄区。

根据以上分析，将排涝系统中的每一个元素用一个点来代替，系统内元素之间、元素与外部环境之间的关系用弧来代替，可建立四湖中下区灌排系统的概化网络，如图 2.11 所示。图中的数字 1、2、3、4、5、6、7 分别对应于集合 A 中元素排涝河 1、排涝河 2、洪山干渠 1、洪山干渠 2、南套河、内荆河、排涝河南段。

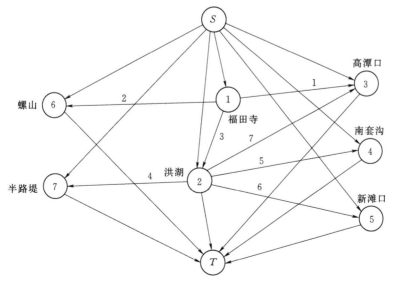

图 2.11　四湖中下区概化网络图

参 考 文 献

［1］ 白宪台，郭元裕，关庆滔，等. 平原圩区除涝系统优化调度的大系统模拟模型［J］. 水利学报，1987（5）：14－27.

［2］ 冯尚友. 水资源系统工程［M］. 武汉：湖北科学技术出版社，1991.

第 3 章 水 库 调 度

3.1 概 述

3.1.1 水库调度过程中的冲突

水库建成后其效益在很大程度上取决于水库的运行与管理方式。水库调度是水库运行与管理的核心环节，也是水资源规划与管理的重要组成部分。水库调度通常依赖于一定的调度规则，这些规则通常需要在水库规划阶段制定出来，并在水库投入使用后根据实际操作经验进行修正。结合调度规则，水库操作人员便能根据当前水库的库容或水位、蓄水量的大小及水库入库径流量的相关信息决定下泄水量的大小以实现水库效益极大化或风险极小化。单目标水库调度的问题是确定不同时段的供水量以实现该单一目标效益的最大化。对多目标水库调度，则需要进一步考虑不同目标之间的最优化，其复杂程度取决于不同目标之间的协调程度。若各目标之间相互协调，则该多目标调度问题相对较简单，各目标之间相互冲突的问题相对较复杂。

多目标水库调度过程中，冲突来源于不同目标的需求，通常分为以下几类：

（1）由不同类型库容需求引起的冲突。这类冲突通常是由于对立目标对同一库容的需求引起的，例如发电与防洪。若地质和地形条件允许，同时不考虑经济约束，可以修建一个足够高的大坝来满足各类目标需求。但实际情况几乎不存在这类水库，绝大部分多目标水库均存在共用部分库容的情况。从发电目标的角度来看，总是希望水库尽可能蓄满；然而从防洪目标的角度则是尽可能预留更多的库容以蓄存未来可能的洪水。因此在进行这类水库调度时常常面临到底是蓄水还是放空水库的情况。蓄水将给水库运行带来更大的发电效益，同时带来了更大的洪水风险；另外放空水库能更有效地抵御大洪水，但如果实际发生洪水的规模达不到期望大小，水库将会持续处于较低的水位同时仅能发挥较低的发电效益。

（2）由不同用水户引起的冲突。即使属于同一类型目标，若用水量变化规律不同并且蓄水量不能同时满足不同目标需求时，冲突依然存在。例如灌溉蓄水量表现出与发电不同的用水变化规律，灌溉用水与城市供水也较难共用相同的水。

（3）由同一用户产生的冲突。当水库的水量有限时，不可避免产生缺水。对相同的用水户，不同时段用水需求仍存在较大的冲突。例如在干旱时期供水时往往面临着降低现阶段的供水以减少未来可能发生的集中破坏，或推迟限制供水时间，即现阶段尽可能的供水，一旦缺水将导致较大程度的集中破坏。

在水库群调度过程中，决策者不仅要考虑水库下泄水量的分配，同时需要考虑不同水库缺水的影响。很显然，在水库调度系统中，没有100％完全一致的用水过程，因此水库调度规则应能尽可能减少用户间的冲突，避免的关键在于如何"折中"。

3.1.2　水库调度过程中需要优化的问题

根据以往的经验，水库调度中存在以下几类需要进行优化的问题：

（1）防洪库容的合理利用。水库洪水管理涉及下游洪灾损失最小化和确保大坝安全两个主要目标。在开展水库防洪调度过程中，是蓄存即将面临的洪水确保下游现状安全还是下泄一定的洪水为未来可能的大洪水预留更多的蓄洪库容对整个调度系统具有重要意义，尤其是水库当前水位在正常水位以上时，上述情况更容易出现。通常影响洪水调度决策的主要参数有剩余的防洪库容、当前和预测的洪水流量、下游河道最大安全下泄流量以及防洪系统中其他水库的状态等。需要说明的是，当预测到水库极有可能发生较大入库洪水时，可以适当大于下游河道最大安全下泄能力的流量进行水库下泄以避免可能的大坝严重损失。为了较为科学做出决策，需要权衡增加当前下泄流量对下游可能增加的损失和因蓄洪库容减少导致未来增加的洪水损失，取总损失相对较少方案作为当前调度决策。

（2）兴利库容合理利用。兴利库容合理利用主要考虑水库是否应该蓄满用来满足兴利需要还是放空以蓄存未来可能洪水。在汛期水库的主要目标一方面需要蓄存洪水减少可能的洪灾损失，另一方面还需要尽可能蓄水以实现枯水期兴利功能。该类问题的主要影响因素主要包括目前蓄存水量、剩余蓄洪空间及洪水风险等。

经验性的做法是汛期较早的阶段减少蓄水，随后逐步蓄存洪水。在汛期末抓住可能的第一场洪水蓄满水库。如果随后预测到可能有较大的洪水，则尽可能再次腾出库容迎接洪水。当预测降雨及径流具有较高精度和可靠性时上述方法具有较好的实用性。

这类优化问题在经济方面的权衡主要在于增加蓄水产生的额外效益及剩余蓄洪库容减少导致的额外洪水损失。

（3）水库不同时段下泄水量的优化。这类问题主要用于缺水期有限的水库需水量的分配问题，主要考虑水资源在现状和未来分配对总经济效益增加值的差别。

（4）不同水库间水量分配。这类问题主要用于解决如何分配不同水库下泄水量。对以防洪为目标的水库，优化将主要取决于各水库剩余的防洪库容、水库未来来水量及其下游防洪要求等条件；对以供水为目标的水库，通常未来可能来水量越多，供水量越大；为了更好地配置供水系统，通常需要进行联合优化调度研究。

（5）不同用水户之间的水量分配。这类问题主要用于解决有限的水资源在不同用水户之间的分配问题。在进行这类问题优化过程中，James and Lee（1971）建议最优配水策略应能保证各用水户之间的边际效益相等。

（6）分层取水问题。这类问题的产生主要是由于水温随水库水深变化而变化。通常上层水水温较高，随着水深增加，温度和溶解氧浓度迅速降低，同时泥沙含量增加，这些参数对水质具有较大的影响。如果调度对水质有一定的要求，则有必要考虑分层取水问题。

3.2　水库调度基本原理与方法

水库调度在实际操作中通常根据调度目标，结合一套调度线或调度规则确定水库各时段的蓄泄水量。各时段的下泄水量通常需要依据水库蓄水量、来水量、需水量及水库调度时所处季节等多个条件综合确定。当然，也有不少水库的调度是依靠直觉和经验来进行的。例如在多水库调度系统中，用水户的需水通常由最近的水库来满足，这样可以减少传输过程中的水量损失；类似地在灌溉调度过程中，管理人员通常会对作物进行灌溉满足作物现状需水，然而这样依靠经验的调度方式不可避免地增加了作物在未来时段的干旱风险。

3.2.1 中长期规划调度

水库中长期规划调度主要研究比短期运行调度更长时期（月、季、年或多年）内的最优运行调度方式。在水库规划阶段或在已有水库（系统）中增加新的水库联合运行时，通常需要依据假定的不同情景中长期规划调度结果评价水库运行的效益、供水范围、供水满足程度及系统运行可靠性等。中长期调度结果还可为后期进一步调度研究提供宏观的基础信息。

3.2.2 标准线性调度规则

标准线性调度规则是最简单的一类水库调度规则。根据该规则，在任何一个时段，如果水库可供水量小于需水量，则所有可供水量都用来供应该时段用水；若可供水量大于需水但是小于需水与兴利库容之和，则时段供水量等于需水量，多余的水蓄存在水库中；若可供水量大于需水与兴利库容之和时，除满足用水需求，蓄满水库外，多余的水将作为弃水下泄。

标准线性调度规则由于没有考虑任何其他时段的用水需求，且本时段的多余水量大多作为无经济价值的弃水下泄掉，因此不够合理也很难实现效益最大化。尽管该调度规则在规划阶段使用较普遍，在实际日常操作过程中较少使用。一般在实际应用时，在缺水时段引入一个比例系数可以在一定程度上增加规则的适用性。例如已知当前时段和未来几个时段的可供水量不能满足需水要求时，可按一定比例降低时段的下泄水量，例如 25%。具体有多少时段需要减少供水，减少比例的大小可进一步通过模拟来确定。

3.2.3 限制供水规则

限制供水规则（Hedging Rule）的目的是将未来可能的缺水相对均匀分配给相关时段以降低/均化缺水的损失程度。在很多情况下，允许现状少量缺水以降低未来严重缺水发生的几率，从整体时间尺度上保证经济损失最小。图 3.1、图 3.2 分别给出了某水库在不考虑限制供水规则和考虑限制供水规则情况时的下泄过程及缺水过程。从图中可以看出，不考虑限制供水规则时总下泄水量是 2.4 亿 m^3，缺水 0.5 亿 m^3，最大缺水发生在 1 月，缺水量为 0.3 亿 m^3，其次缺水最严重的时间段为 2 月，缺水量为 0.3 亿 m^3；图 3.2 给出了限制供水规则下的下泄和缺水过程，从图中可以看出考虑限制供水规则后，最大缺水量为 0.15 亿 m^3，分别发生在 1 月和 2 月。对比两图可知，本次考虑限制供水规则后，尽管总缺水量大小不变，但是缺水分布发生变化，最大缺水量减少了 50%。

由于不同用水部门供水及缺水效益普遍存在较明显的非线性特征，这种非线性特征给限制供水规则提供了使用条件。短时深度缺水产生的损失远远大于轻度缺水，因此人为降低现状供水以减少未来深度缺水的机会在经济上是合理的。

3.2.4 水库调度图

水库调度图是为满足不同用水需求指定调节周期各时期所允许的合理库容（库水位）范围。不同的兴利目标对应不同的调度图，例如城市供水调度图、灌溉调度图、水力发电调度图和防洪调度图等。在绘制水库调度图时，通常根据历史或模拟的来、用水资料系列，以水库工程及水电站的设计参数为约束，以水库特征水位为边界条件进行径流调节计

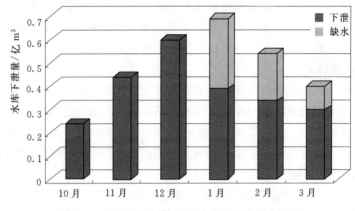

图 3.1 不考虑限制供水规则的下泄及缺水过程

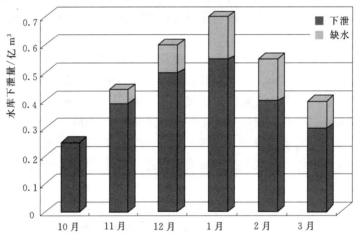

图 3.2 考虑限制供水规则的下泄及缺水过程

算，从而得到水库运用过程。以水库水位或蓄水量为纵坐标，以调节周期的时间段为横坐标，将水库各年各时间段的水位或蓄水量点绘到图上并绘制其上下包线即组成水库调度图。

3.2.5 水库群调度

目前为止，前面所讨论的部分仅限于单一水库调度。但众所周知水库群调度产生的效益大于单一水库调度产生的效益之和。水库群可以由多个水库或串联、或并联、或混联形成。本节内容主要讨论不同水库群系统调度规则。

3.2.5.1 串联水库群

图 3.3 给出了一个由两座水库形成的典型串联水库系统。其他复杂的串联系统均可以分解为类似简单串联系统，其调度规则也可以由典型串联水库系统推导得到，因此本小节内容主要介绍如图 3.3 所示的串联系统。由图 3.3 可知，区间 D_1 的需水量仅由水库 1 满足，区间 D_2 和 D_3 的需水可以由两座水库共同满足。

对由如图 3.3 所示的水库系统，任何上游水库的下泄水量或弃水均可被下游水库拦截后再次利用，因此最上游水库最先蓄满，其次是紧邻该水库的次上游水库，依次类推。这样的调度策略能最大限度减少无效弃水的产生。

供水期天然来水小于需水量，离用水户最近的上游水库最先供水，依次类推。若由于地形，系统资源配置或其他原因不能按此规则运行时，可以忽略此规则。此外在运用此规则时，由于蒸发和渗漏等导致的水量损失也需要考虑进来。

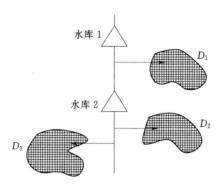

图 3.3　典型串联水库系统

将上述规则应用于图 3.3 中时，区间 D_1 的需水由水库 1 满足，区间 D_2 和 D_3 的需水则由水库 2 满足。当水库 2 可供水量不足时，若水库 1 有多余的水，则水库 1 下泄一定水量满足 D_2 和 D_3 的用水需求。

对有发电需求的水库，蓄水期水库调度目标是在蓄水期末尽可能蓄存更多的电能。通常蓄存在上游水库的水体蕴含更高的电能（由于高程相对较高），因此上游水库优先蓄满，上游水库发电后的尾水还可进一步由下游水库拦截发电。在水库供水期水库调度目标为在总水量约束条件下，尽可能多发电。若水资源量较丰富，供水期初所有水库均蓄满则发电量必然最大；若水资源量有限时，则需要考虑在不同水库之间发电量大小以保证系统发电量最大化。水库发电量大小通常受水库容积、入库径流、装机容量及发电效率等因素影响。一般说来，其他条件不变情况下，小水库单位水量增加的水头要大于大水库增加的水头。如图 3.4 所示的两个水库，若要增加相同的水头，则小型水库所需要蓄存的水量 V_1 小于大型水库需要蓄存的水量 V_2。

因此水库库容、入库水量及发电系数等重要参数决定了水库发电的优先次序。当需要蓄水时，发电能力最大的水库优先蓄水，反之亦然。

3.2.5.2　并联水库群

图 3.5 给出了最简单的并联水库供水系统示意图。该系统由位于不同支流上的两座水库构成。由图 3.5 可以看出，位于区间 D_1 和 D_2 的用户需水分别由水库 1 和水库 2 满足；区间 D_3 的用户需水可由水库 1、水库 2 分别或共同满足。

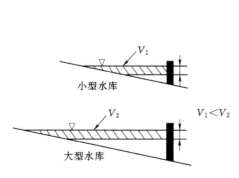

图 3.4　不同水库单位水头增量
需要增加的蓄水量

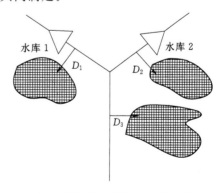

图 3.5　典型并联水库供水系统示意图

并联水库与串联水库的重要区别是上游水库下泄的水量不能被下游水库拦截并再次利用。因此如何平衡各水库的利益是并联水库系统调度规则的核心所在。一般说来，控制集水面积较大的水库或单位库容入库流量较大的水库优先供水。该调度规则隐含的一个假定是各水库单位汇流面积的产流量相同。

目前，国内外学者根据研究并联水系统的具体情况提出了许多适合于并联水库的调度规则。这些规则的主要目标通常是最小化系统缺水量。此外，这些调度规则在一定程度上避免部分水库蓄满产生弃水的同时存在其他水库仍有蓄水库容情况的发生。目前比较主流的并联水库调度规则有纽约规则、空间规则等。

1. 纽约规则

纽约规则是 Clark 在 1950 年研究纽约市供水系统时首次提出的调度规则。对于具有唯一共同供水区域的并联水库调度系统，该调度规则具有很好的参考价值和指导意义。纽约规则通过控制各水库产生弃水的概率实现区域缺水最小化目标。Clark 的研究表明在蓄水期末若各水库产生弃水的概率相同则系统产生弃水最小，而当系统弃水最小时缺水最小。

应用纽约规则需要事先已知径流资料。显然径流预测精度越高，该规则应用的效果越好。在蓄水期初，由于径流大小对蓄水期末产生弃水的影响较弱，因此径流预测精度可相对低一些；随着计算时段逐步接近蓄水期末，径流的可靠性和准确性将越来越重要。通过对不同系统配置及运行条件下的检验表明纽约规则能实现或接近系统最优目标，其最优化程度受径流变差系数大小及相邻河道径流相关系数大小的影响。

早期纽约规则存在一个隐含的假定，即不同水库供水的单位价值相同。实际情况却并非完全如此。在供水系统中，水源的水质对水的单位价值有较大的影响，水质较差的水源处理成本相对较高。对具有发电目标的水库系统，水的单位价值还受水头大小的影响，显然水库水头较高时，其单位水资源能产生更多的电能因而具有更高的价值。为此改进的纽约规则在调度时考虑了不同水库单位水体价值不同的因素，其调度规则可由下式表示：

$$h_i Pr(CQ_i \geqslant K_i - S_{fi}) = \lambda \quad \text{for all } i \tag{3.1}$$

式中：h_i 为 i 水库水体单位价值；CQ_i 为 i 水库当前时段末到蓄水期末的累积入库径流量；K_i 为 i 水库总蓄水库容（假定各时段总蓄水库容一定）；S_{fi} 为 i 水库当前时段末的库容；λ 为常数。

不同水库之间的 λ 相等，当不同水库单位水体价值相等时，可以将上式两边同时除以 h_i，即将 h_i 的影响并入 λ 中。

2. 空间规则

1962 年 Maass 等提出空间规则用来最小化供水系统的弃水量。在给定水库系统中，入库径流量越多或入库径流量可能产生电能越大的水库将会预留更多的库容。与纽约规则类似，空间规则尤其适用于水库蓄水期的调度过程。空间规则应用于并联水库系统时，目标是使各水库弃水、蓄满及部分蓄满的概率相同。空间规则的数学表达式可表示为

$$\frac{S_{\max,j} - S_{j,k} - Q_{j,k} + R_{j,k}}{\sum\limits_{j=1}^{m}(S_{\max,j} - S_{j,k} - Q_{j,k}) + R_T} = \frac{Q_{j,n-k}}{\sum\limits_{j=1}^{m}Q_{j,n-k}} \tag{3.2}$$

式中：$S_{\max,j}$ 为水库 j 的最大蓄水容积；$S_{j,k}$ 为水库 j 在时段 k 初的蓄水容积；$Q_{j,k}$ 为水库 j 在时段 k 的入库径流量；$R_{j,k}$ 为水库 j 在时段 k 的下泄水量；R_T 为系统需要的总下泄水量；$Q_{j,n-k}$ 为水库 j 在剩余 $n-k$ 个时段的入库径流量。

通过求解式（3.2）可得到不同水库在各时段的下泄水量：

$$R_{j,k} = \Big[\sum_{j=1}^{m}(S_{\max,j} - S_{j,k} - Q_{j,k}) + R_T \Big] \frac{Q_{j,n-k}}{\sum\limits_{j=1}^{m} Q_{j,n-k}} - S_{\max,j} + S_{j,k} + Q_{j,k} \qquad (3.3)$$

需要说明的是空间规则目标是最小化系统弃水量，但并不能完全保证实现系统弃水最小。与纽约规则类似，空间规则应用效果依赖于径流变差系数大小及相邻河道径流相关系数值。此外空间规则中系统需要的总下泄水量 R_T 也需要单独计算。

3.3 单一水库优化调度（确定性、不确定性）

水资源系统是一个复杂的系统，尤其是来水、用水均存在着较强的随机性，因此如何确定水库的运行调度策略也存在较强的复杂性。水库优化调度模型为用户提供了在某种"可测"程度上的最优调度策略。本节和下一节内容将分别介绍单一水库和水库群联合优化调度模型。

3.3.1 单一水库确定性优化调度模型

确定性优化调度模型是指在调度过程中，除水库特征曲线已知外，水库入库径流过程及用水过程均为已知条件。确定性水库优化调度简单、直观，适用于各种类型课题的调节计算，能获得各种所需参数的连续变化过程。水库通常承担着发电、防洪和供水等任务，根据水库承担的任务不同，优化调度模型不完全一致，分述如下。

1. 水电站水库的优化调度模型

水电站水库调度的一般课题是，在满足电力系统可靠性要求和水利系统综合利用正常要求条件下，水电站总发电量最大或总发电效益最大。后者主要适用于各时段电量价格不同的水电站水库。这类课题通常已知入库流量过程和总用水量条件，需要寻求使所采用的优化准则达到极值的水电站总负荷过程以及水库蓄泄状态变化过程和泄流过程。

（1）目标函数。采用总发电效益最大为目标，其目标函数的数学表达式如下：

$$E^* = \max \sum_{t=1}^{T}[P(t)N(t)\Delta T(t)] = \max \sum_{t=1}^{T}[KP(t)Q_E(t)H(t)\Delta T(t)] \qquad (3.4)$$

式中：E^* 为发电总时段内的发电总收入，元；$N(t)$ 为 t 时段水电站总出力，kW；$P(t)$ 为 t 时段电价，元/kW·h；$\Delta T(t)$ 为 t 时段时长，h；$Q_E(t)$、$H(t)$ 分别为 t 时段发电流量和水头；K 为出力系数；T 为总时段数。

如果发电总效益目标函数中各时段的电价全部为 1，则转化为总发电量最大为目标。

（2）约束条件。约束条件包括用水总量约束、水库特性约束、水电站特性约束及其他约束等。其中用水总量约束可表示为

$$\sum_{t=1}^{T}[3600Q(t)T(t)] = W(T) \qquad (3.5)$$

式中：$W(T)$ 为总时段内的发电总用水量，m^3。

水库特性约束包括水库水量平衡约束、库容曲线约束、水库水位或蓄水量约束、泄流设施约束及非负约束等。

水库水量平衡约束可表示如下：

$$V(t+1) = V(t) + 3600[Q_{in}(t) - Q_{out}(t)]T(t) \tag{3.6}$$

式中：$V(t)$、$V(t+1)$ 分别为水库 t 时段初、时段末蓄水量，m^3；$Q_{in}(t)$、$Q_{out}(t)$ 分别为 t 时段入库、出库流量，m^3/s，其中出库流量包括供水、发电用水及弃水等；其他变量如前所述。

水库库容曲线约束可表述如下：

$$Z(t) = F_{ZV}[V(t)] \tag{3.7}$$

式中：$Z(t)$ 为水库 t 时段初上游水位，m；$F_{ZV}(\cdot)$ 为水库库容曲线函数。

水库水位约束如下：

$$Z_{min}(t) \leqslant Z(t) \leqslant Z_{max}(t) \tag{3.8}$$

式中：$Z_{min}(t)$、$Z_{max}(t)$ 分别为水库 t 时段初允许的最低、最高水位，m。

水库库容约束如下：

$$V_{min}(t) \leqslant V(t) \leqslant V_{max}(t) \tag{3.9}$$

式中：$V_{min}(t)$、$V_{max}(t)$ 分别为水库 t 时段初允许的最低、最高蓄水量，m^3。

水库下游水位-流量关系约束可表述如下：

$$z(t) = f_{ZQ}[Q_{out}(t)] \tag{3.10}$$

式中：$z(t)$ 为 t 时段初水库下游水位，m；$f_{ZQ}(\cdot)$ 为水库下游水位-流量关系曲线函数。

泄流设施约束用来反映时段下泄流量不超过最大泄流能力，表示如下：

$$Q_{out}(t) \leqslant F_{dcap}\{[Z(t) + Z(t+1)]/2\} \tag{3.11}$$

式中：$F_{dcap}(\cdot)$ 为水库最大泄流能力函数。

此外水库下泄流量应不小于下游生态环境、航运或其他用水等要求的最小流量，约束条件的数学表达式如下：

$$Q_{out}(t) \geqslant q_{min}(t) \tag{3.12}$$

式中：$q_{min}(t)$ 为水库下游所需的最小流量，m^3/s。

受机组自身运行条件、电力线路及来用水等条件限制，机组在各时段的出力不可能无限大，也不会无限小，而是在一定区间内，用公式表达如下：

$$P_{min}(t) \leqslant P(t) \leqslant P_{max}(t) \tag{3.13}$$

式中：$P_{min}(t)$、$P_{max}(t)$ 分别为水库 t 时段最小、最大出力，kW；其他符号意义同前。

此外还有非负约束，即所有变量必须为非负值。需要说明的是，水电站约束条件与实际情况相关，不同的水电站面临的情况不同，可根据具体情况增加或减少约束。

2. 供水水库的优化调度模型

供水系统优化调度模型的目标函数随着研究侧重点不同而不同。通常供水系统的目标有供水量最大、缺水量最小、弃水量最小等目标。但上述目标对系统性能描述相对较片面，例如供水量最大的水库可能在部分时段缺水量反而较大。为了较全面反映供水系统性能，1982 年 T. Hashimoto 等提出的可靠性、恢复性和易损性等概念，随后上述指标被广泛应用于供水系统性能评价中，并成为供水系统的主要目标。

按照 T. Hashimoto 的观点，一个系统的可靠性可定义为系统处于正常状态的概率。可见风险是为其互补概率。为了可操作性的目的，必须建立一个判别系统是否处于正常状态的准则。这里定义正常状态为系统供水量不小于需水量的状态。设 S_t 为系统 t 时段供水量，D_t 为系统 t 时段需水量。若 $S_t \geqslant D_t$ 则系统在 t 时段处于正常状态，否则系统处于失事状态。以 α 表示系统可靠性，β 表示系统风险，则有下列关系：

$$\alpha = P(S_t \geqslant D_t) \tag{3.14}$$

$$\beta = 1 - \alpha \tag{3.15}$$

如果对供水系统的工作状态有长期的记录，可靠性也可以定义为供水系统能够正常供水的时间与整个供水期历时之比，即

$$\alpha = \frac{1}{N} \sum_{t=1}^{N} I_t \tag{3.16}$$

式中：N 为供水期总历时；I_t 为供水系统指示函数，若系统处于正常状态，则为 1，否则为 0。

恢复性指标（γ）用来描述一旦失事，系统从失事状态转为正常状态的可能性。恢复性的大小反映了系统从事故状态转变为正常状态的能力，可用条件概率来表示为

$$\gamma = P(I_t = 1 \mid I_{t-1} = 0) \tag{3.17}$$

在计算时引入指示函数 RI_t：

$$RI_t = \begin{cases} 1 & I_t = 0 \\ 0 & I_t = 1 \end{cases} \tag{3.18}$$

引入状态转移函数 CI_t：

$$CI_t = \begin{cases} 1 & I_t = 1 \text{ 且 } I_{t-1} = 0 \\ 0 & \text{其他} \end{cases} \tag{3.19}$$

将式（3.17）按全概率公式展开，并将式（3.15）、式（3.16）代入得系统恢复性为

$$\gamma = \sum_{t=1}^{N} CI_t \Big/ \sum_{t=1}^{N} RI_t \tag{3.20}$$

在供水系统中，恢复性就是从缺水失事状态向正常供水状态转移事件与缺水失事状态的比值。γ 在 1 与 0 之间，反映了系统恢复正常状态的能力，其值越大表明系统越容易恢复。在系统无失事状态发生时，定义系统的恢复性指标为 1。一般来讲，当系统恢复力指标小于 1 时，表明供水系统有时会无法满足需水要求，但有可能恢复正常供水。干旱缺水的历时越长，恢复性越小。也就是说，供水系统在经历了一个较长时期的干旱缺水之后，能进行正常供水是比较困难的。

在供水过程中，失事的程度及其产生的影响是不同的。在需水一定的情况下，缺水 0.5 亿 m³ 与缺水 50 亿 m³ 产生的后果是不同的。易损性指标 v 是用来反映供水破坏造成后果的严重程度。表达易损性有若干种途径，通常采用缺水量的期望值来表示易损性：

$$v = \sum_{t=1}^{N} d_t RI_t \Big/ \sum_{t=1}^{N} RI_t \tag{3.21}$$

式中：d_t 为 t 时段缺水量，不缺水时其值为 0。

为了增强可比性，本书采用相对值表示易损性：

$$\nu = \sum_{t=1}^{N} d_t / D_t \cdot RI_t / \sum_{t=1}^{N} RI_t \qquad (3.22)$$

ν 的取值也在 0～1 之间，其值越大，表明缺水量越大，损失越严重；若 $\nu=0$，表明系统始终处于正常状态，没有出现缺水现象；若 $\nu=1$，则表明系统无水可供，是缺水的极端情况。

因此供水系统的目标函数可根据实际情况，取可靠性、恢复性和易损性的加权和作为目标函数。与发电水库类似，供水系统存在一系列约束，主要约束条件包括（但不限于）用水总量约束、水库特性约束、非负约束及其他约束条件等。

3. 防洪水库的优化调度模型

水库除保证兴利部门用水外，在汛期还必须发挥调洪作用。运行水库防洪调度的任务是根据规划设计或防洪复核选定的水库工程洪水标准和下游防护对象的防洪标准，在确保工程安全的前提下，对水库洪水进行拦蓄和控制泄放，保障下游防护对象的安全，并尽可能地发挥水库最大综合效益。水库防洪优化调度常用的目标函数有水库最大下泄洪峰量最小（最大削峰准则），洪水成灾历时最短或分洪量最小的准则。其数学模型分别如下所示：

最大削峰准则：

$$\min \sum_{t=1}^{T} \left[q(t) + Q_q(t) \right]^2 \qquad (3.23)$$

式中：$q(t)$ 为时段 t 水库下泄流量，$\mathrm{m^3/s}$；$Q_q(t)$ 为时段 t 区间洪水流量，$\mathrm{m^3/s}$；T 为成灾时期的总时段数。

洪水历时最短准则：

$$\min \sum_{t=1}^{T} \left[q(t) + Q_q(t) - QS(t) \right]^2 \qquad (3.24)$$

式中：$QS(t)$ 为时段 t 下游控制点的安全泄量，$\mathrm{m^3/s}$。

分洪量最小准则：

$$\min \sum_{t=1}^{T} (D_t + D_{t+1})/2 \qquad (3.25)$$

式中：D_t、D_{t+1} 分别为时段 t 初、末进入分洪区的分洪流量，$\mathrm{m^3/s}$。

防洪系统的各个组成部分并非各自独立，水库泄洪与河道行洪既有物理的连续关系，也有区间水文条件的相互关联，这些联系便形成了系统最优运行的各种约束条件。概况而言，一般有库容约束、水库泄流能力约束、水量平衡约束、河道安全泄量约束以及非负约束等。

3.3.2 单一水库随机优化调度模型

上节介绍的确定性来水条件下单一水电站水库长期最优运行方式的制定，都是把入流作为已知的。但当缺乏有足够精度的长期预报（包括定量或定性的）条件时，就不得不把入流作为服从一定概率分布的随机变量或随机过程，这就面临到随机优化调度问题。本节介绍随机来水条件下单一水库的优化调度模型及方法。

众所周知，用户需水和需电负荷的随机增长或变动，由于不如来水那样难以预测，为简便计，常不作为随机变量来处理。因此水库随机模型中最主要的因素是水文的不确定性，它的不确定性模型如何，很大程度上决定着水库随机模型的结构特点。对单库调度而言，水库的入流一般可分为两种情况：①各时段的入流为一独立随机变量，其概率分布均为已知；②各时段的入流为非独立的随机变量，但相互关系是下时段的径流与前一或前几个时段径流有关，为一条件分布（即马尔可夫链模型）。一般条件下仅考虑马尔可夫单链模型（或"一阶自回归模型"），即下一个时段的径流与前一个时段径流有关。马尔可夫重链的条件比较复杂，但多数情况与马尔可夫单链的情况差别不大，故实用上常主要考虑马尔可夫单链情况。

如何确定水库随机模型中的最优准则是一个重要问题，当来水作为随机因素考虑时，显然任何调度决策的结果状态就不是唯一地确定，而是一种概率分布。这时，水库年最优调度是一种随机多步多级决策过程的非确定性规划问题，在多步非确定性决策过程中，每一步的状态转移因受到随机入流因素的影响，致使水库调度效益也不是完全确定的，同样具有随机特性。因此，评判决策优劣的准则就只能换为具有平均特性的全期可能效益的"期望值"。

单库随机调度模型可以从不同的角度加以分类，但从求解的数学方法来分类较为重要。按求解的数学方法可分为 3 种类型：①一般的随机线性规划模型；②特殊形式下的线性机遇约束规划模型；③已有较多研究的随机动态规划模型。下面介绍水电站水库长期优化调度的随机动态规划法。

在确定性动态规划问题中，对任一阶段 t 的某一个指定的输入状态 s_t 采取一个决策 d_t，便可相应地得到一个阶段效益（或费用）$r_t(s_t, d_t)$。但在随机性动态规划问题中，r_t 不仅是 s_t 和 d_t 的函数，而且还是随机变量 K_t 的函数，K_t 可能是输入状态变量，也可能是其他因素。因此，阶段效益函数 r_t（也可以是费用函数，此处以效益函数为代表）也是随机的，可以表示为

$$r_t = r_t(s_t, d_t, K_t) \tag{3.26}$$

式中：s_t 为第 t 阶段的状态变量；d_t 为第 t 阶段的决策变量；K_t 为第 t 阶段输入的随机变量，K_t 的概率分布以 $P_t(K_t)$ 表示。

由于是随机函数，在优化中要使期望值最优，阶段效益期望值为

$$E\left[r_t(s_t, d_t)\right] = \sum_K P_t(K_t) r_t(s_t, d_t, K_t) \tag{3.27}$$

现考察一个随机系统，优化目标为最大化总效益，整个系统计算期划分为 T 个阶段，阶段变量 t 依顺时序编号（号码与阶段初一致）。

系统状态转移方程为

$$s_{t+1} = T_t(s_t, d_t, K_t) \tag{3.28}$$

式中：s_{t+1} 为阶段 $t+1$ 的状态变量；T_t 为阶段 $t+1$ 的状态转移函数。

设按逆序递推，从最后一个阶段算起的总效益就是最后阶段 T 的效益，即

$$R_T(s_T, d_T, K_T) = r_T(s_T, d_T, K_T) \tag{3.29}$$

当最后阶段的 s_T、d_T 给定时，期望效益值为

$$E[R_T(s_T,d_T)] = \sum_{K_T} P_T(K_T)r_T(s_T,d_T,K_T) \tag{3.30}$$

对第 T 阶段某个指定状态 s_T 采取最优决策 d_T^* 时，最优期望效益为

$$E[R_T^*(s_T)] = \max_{d_T}\left\{\sum_{K_T}[P_T(K_T)r_T(s_T,d_T,K_T)]\right\} \tag{3.31}$$

根据动态规划最优化原理，可以得到第 $T-1$ 阶段的计算公式为

$$R_{T-1}(s_{T-1},d_{T-1},K_{T-1}) = r_{T-1}(s_{T-1},d_{T-1},K_{T-1}) + E[R_T^*(s_T)]E[R_{T-1}(s_{T-1},d_{T-1})]$$
$$= \sum_{K_{T-1}} P_{T-1}(K_{T-1})\{r_{T-1}(s_{T-1},d_{T-1},K_{T-1}) + E[R_T^*(s_T)]\}$$

$$\tag{3.32}$$

对第 $T-1$ 阶段某个指定状态 s_{T-1} 选择最优决策 d_{T-1}^* 时，使用的递推方程为

$$E[R_{T-1}^*(s_{T-1})] = \max_{d_{T-1}}\left\{\sum_{K_{T-1}} P_{T-1}(K_{T-1})[r_{T-1}(s_{T-1},d_{T-1},K_{T-1}) + E(R_T^*(s_t))]\right\}$$

$$\tag{3.33}$$

同理可以得到任一阶段 t 的递推方程为

$$E[R_t^*(s_t)] = \max_{d_t}\left\{\sum_{K_t} P_t(K_t)[r_t(s_t,d_t,K_t) + E(R_{t+1}^*(s_{t+1}))]\right\}$$
$$t = 1,2,3,\cdots,T-1 \tag{3.34}$$

式（3.31）和式（3.34）构成了随机动态规划的基本方程。从最后一个阶段开始，逆时序方向进行逐级递推计算，再由给定的系统初始状态返回，便可求得期望总效益最大的最优策略 $\{d_1^*,d_2^*,\cdots,d_T^*\}$。

由式（3.31）和式（3.34）以及建立它们的推导过程不难看出，随机动态规划和确定性动态规划二者建立模型的做法雷同。首先是把所研究的随机系统发展过程恰当地划分阶段及定义有关变量；然后确定状态转移关系、效益和目标函数，进而建立递推计算方程、规定约束条件；最后进行求解计算。它们二者的寻优计算过程相同，基本方程的形式亦相似。

但亦应看到随机动态规划与确定性动态规划二者的基本方程式的形式仅是相似，它们间的主要不同点有：①确定性动态规划问题中优化目标是总效益最大，而随机性动态规划问题的优化目标是期望总效益最大；②在确定性动态规划问题中，是用递推方程右端二项之和直接比大小选取最优决策，而随机动态规划问题中，在将式（3.34）中右端二项相加后还需乘上随机变量出现的概率 $P_t(K_t)$，成为期望值后再比大小，从中选取最优决策。

3.4 水库群联合运行优化调度

3.4.1 串联水库群系统自优化模拟决策技术

单一水库优化调度由于变量数量相对较少，涉及的情况相对简单，许多问题通过一般的数学规划方法（如线性规划、非线性规划、动态规划方法等）可以较好地解决这类问题。然而当系统引入多个水库后，水库调度问题则变得复杂，一般的数学规划方法并非完全适用。模拟技术通过在模型中嵌入规划设计工程师的经验与判断，实现定性与定量相结合，因而不失为研究水库调度问题的有效工具。所谓模拟是以大量的数学关系式描述系统

参数和变量之间的数字关系，并在计算机上反复逼真地再现系统运行策略的模型方法。它主要用来预测系统对于给定条件下的响应，例如：水库运行过程就是在给定来用水及初始状态并按照一定的规则形成的控制线约束条件下的响应。

然而，一般模拟技术由于其输入序列是不能控制的，在运行规则不变时，系统输出仅是一种自然响应，不具备使输出响应趋于最优目标的功能，只能通过多方案计算建立输入输出关系的响应曲面进行最优搜寻，以获得系统近似最优策略。但是对于多维的控制系统，计算成果响应曲面的获得及其最优搜索过程十分复杂，计算量较大且难以保证一定能获得全局最优解。为此，雷声隆等（1989）在南水北调东线工程的研究中，针对水库调度问题，提出了自优化模拟模型与技术，它是在上述模拟过程的基础上，增加了反馈过程，使输出结果反馈到输入端，并通过输入输出的辨识处理自动生成对系统进行控制的修正量，逐步形成模拟最优控制运行线，引导模拟结果趋于最优目标值。随后，邵东国（1995）、罗强等（2002）分别从理论上对自优化模拟技术的收敛性和最优性、水库调度的最优域进行了证明。

1. 自优化模拟技术基本原理

一般模拟技术，可通过系统数字仿真运行获得对某一输入状态的输出响应，其过程可用图 3.6 表示。对水库系统而言，它是来水、用水序列已知，给定水库初始状态，按一定运行规则形成水库控制线；然后，在此控制线约束下进行的仿真运行过程。

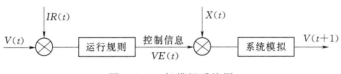

图 3.6 一般模拟系统图

图 3.6 中 $IR(t)$ 为净入流量，且 $I(t) = Q(t) - LS(t) - U(t)$；$X(t)$ 为决策变量；$VE(t)$ 为水库蓄水控制线。显然，这种系统的输入序列是难以控制的，在运行规则不变时，系统输出仅是一种自然响应，不具备使输出响应趋于最优目标的功能，只能通过多方案计算建立输入输出关系的响应曲面进行最优搜寻，以获得系统近似最优决策。对于状态、决策变量稍多的系统，计算成果响应曲面的获得及其最优搜索过程都是十分繁杂的，既需多重反复模拟计算，花费大量计算时间，又难以保证一定能获得全局最优解。

自优化模拟技术则是使一般模拟计算所得输出结果反馈至输入端，并自动生成对系统进行控制的反馈修正量，逐步形成模拟最优控制运行线，引导模拟结果趋于最优目标值。这种模拟系统可用如图 3.7 所示的控制方式来描述。水库系统的自优化模拟决策，是根据自适应控制原理，在给定水库初始控制线的一般模拟模型中，嵌入一个在线辨识环节，通过对系统优化目标和水库运行线的最优性识别，自动生成寻优模拟控制线，引导模拟结果逐渐优化的迭代过程。即运用一般模拟决策方法，利用时间和空间上不同顺序模拟的特点，形成模拟最优控制的两条优化运行线，即水库的经济蓄水线（上限）和防破坏线（下限）；在这两条最优控制线所形成的优化决策域内进行模拟优化决策；通过设计在线辨识环节，并交替放松约束和逐步收紧约束，经多重反馈修正和模拟迭代，最后获得系统的优化决策成果，从而，达到实现模拟自优化、加快模拟决策计算速度的目的。

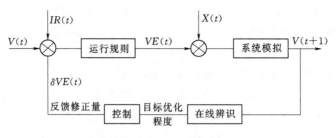

图 3.7 自优化模拟系统图

自优化模拟决策方法，不仅具有一般模拟决策方法的仿真性强、方法简便实用、灵活通用的特性，而且，还具有最优化功能和计算速度快、计算工作量少等优点。无疑，自优化模拟决策方法的产生和发展，将对提高复杂决策问题的精度和有效性、缩小系统分析方法理论和实际间的差距，具有重要意义。

2. 自优化模拟基本数学模型

水资源系统除了供水目标外，往往还兼顾其他目标（如灌溉、防洪、发电、调水等），因而水库调度的目标是使工程充分发挥和协调这些目标之间的效益，是一个多目标的问题。目标函数采用效益最大化是一种较好的选择，但是由于我国目前工农业生产中的生产函数难以确定，采用货币经济量形式作为目标函数存在较大的困难，因此可考虑采用相对较易量化的物理量作为目标函数并通过一系列的目标约束将多目标问题转化为单目标问题求解。多目标问题不是本节重点，为了简便起见，假定系统为以供水为唯一目标。可以选择在满足生态环境用水要求条件下，使整个系统供水量最大为目标。数学表述为

$$z = \max \sum_{t=1}^{N} W(t) \tag{3.35}$$

式中：$W(t)$ 为 t 时段系统供水量，万 m^3；N 为运行时段总数。

约束条件包括水库供水区的水量平衡约束：

$$V(t+1) = V(t) + Q(t) + DI(t) - W(t) - DL(t) - LS(t) + XI(t) - DO(t) \tag{3.36}$$

式中：$V(t)$、$V(t+1)$ 分别为水库 t 时段初、时段末蓄水量；$Q(t)$ 为当地水资源量；$DI(t)$ 为外地区调入水量；$W(t)$ 为供水量；$DL(t)$ 为废弃水量；$LS(t)$ 为损失水量；$XI(t)$ 为上游其他水库的下泄入库水量；$DO(t)$ 为水库对其他水库或地区的调出水量。

对串联水库群单个水库而言，还存在水库蓄水容积约束、泄水能力约束、非负约束等，这些约束条件与单库调度完全一样，这里不再赘述。

3. 自优化模拟技术的基本方法与步骤

自优化模拟决策过程，包括从用水需求角度出发的需求向模拟决策（逆流向模拟）和由引水补给角度出发的供给向模拟决策（顺流向模拟），以及逆时序模拟决策和顺时序模拟决策 4 个内容。

（1）顺、逆时序模拟决策方法与步骤。定义按时历年顺序进行调控的模拟为顺时序模拟，而逆时历顺序的称为逆时序模拟。

逆时序模拟具体计算方法是从运行期末开始，根据已知时段末的水库蓄水量，经决策控制后推求时段初的水库蓄水量。当时段初水库蓄水量达到最大蓄水容积时，说明本时段

以后将出现供水不足，需要调水补给或产生缺水，这一时刻是采取补水或缺水等决策的最早时间。当时段初水库蓄水量达到死库容时，则说明本时段以后将产生弃水，须停止调水入库，以免调水废弃，这一时刻也是泄水决策的最早时间。

顺时序具体计算方法是从运行期初开始，根据已知时段初的水库蓄水量，推求时段末的水库蓄水量。以逆时序模拟结果和允许调水量等系统所有约束为控制条件，进行调水量、供水量、弃水量和水库蓄水量等的决策，通过顺时序模拟可以得到水库最晚蓄水、泄水过程线。

逆时序模拟（最早泄水、最早抽水补给）和顺时序模拟（最晚泄水、最晚抽水）这两条蓄水过程，其泄水和抽水都是必要的，不能相互利用，两条蓄水线具有同样的最优效果，其间形成一个最优决策域。这一优化决策域给上下游水库提供了耦合优化条件。

（2）顺、逆流向模拟决策方法与步骤。定义水流重力流向从最上游水库向下游水库逐一模拟耦合的水库群模拟技术为顺流向模拟，而逆重力流向的为逆流向模拟。

逆流向模拟包括对每一水库实行逆、顺时序两次模拟及逆流向的水库耦合模拟过程。

逆流向、逆时序模拟决策的目的，在于建立满足系统目标的经济蓄水线，为顺时序模拟决策提供最优控制线约束。在逆流向、逆时序模拟决策中，需要先假设不考虑调水补给条件，确定充分利用系统当地水满足各用户用水需求、使系统弃水量最少的经济蓄水线。当各地区供水子系统内的当地水不能满足其用水需求时，才必须调水补给。具体计算方法是从运行期末开始，假定水库调入水量为 0，即 $XI(t)＝0$，根据已知时段末的水库蓄水量，推求时段初的水库蓄水量。

逆流向、顺时序模拟决策的目的，在于以系统优化决策目标函数为顺时序模拟决策的目标，以水库经济蓄水线和允许调水量等系统所有约束为控制条件，进行调水量、供水量、弃水量和水库蓄水量等的决策，引导水库运行线逐步逼近水库经济蓄水线，形成某一次迭代下的水库优化运行线。

一次顺流向模拟，对每一水库包括逆、顺时序两次模拟及一次顺流向的水库间协调过程。

顺流向、逆时序模拟的目的在于确保输水沿线各地区供水子系统当地利益（水权）不受破坏，制定外调引水的控制约束线（称之为防破坏线），在计算时水库调出水量为 0，即 $DO(t)＝0$，根据已知时段末的水库蓄水量，推求时段初的水库蓄水量。

顺流向、顺时序模拟决策，是在考虑某水库防破坏线和经济蓄水线、其他地区可供本水库的调水量与外地区其他水库经济蓄水线等约束条件下，确定充分利用当地水和外调水满足供水子系统用水需求后的可供外地区其他供水子系统调用的最大调水量。

对于不同的研究对象，会有不同的模拟自优化技术，即使对同样的对象具体优化技术也可能不一样。这里存在广阔的研究内容，但模拟能够实现自行优化，是可以肯定的。

3.4.2 水库群联合调度规则优化方法

为了增强系统供水可靠性，进一步提高水资源利用效率，很多情况下需要从多个并联水库取水或调水。并联水库各自水资源及经济社会发展条件不同，需要一套系统合理的调度规则确定各水库的蓄水、泄水、供水及调水过程。并联水库系统涉及复杂的来水、用水组合条件与水力联系，通过归纳总结推求水库调度线的方法显得困难重重。

由于水库模拟调度能很好地反应系统蓄、泄、供、调过程，为系统评价水库系统性能提供丰富的信息；而优化方法能在给定准则及约束条件下，对一系列调度规则的优劣程度排序并优选调度规则；计算机硬件技术与优化方法的快速发展为两者有机结合提供了有力的支撑条件。本节将结合具体例子介绍利用优化与模拟相结合优选并联水库调度规则的方法与步骤。

图 3.8 给出了一个典型的并联水库供水系统。其中水库 A 及水库 B 除需要为对应控制区域供水外，还需要考虑向 C 水库供水。因此系统供水调度规则至少需要考虑两个问题：首先是 A、B 水库何时调水，即确定 A、B 水库外调水的条件。在水库调度实际操作过程中，已知条件往往十分有限，在确定调度规则时需要考虑充分利用有限已知信息合理确定调水启动条件，同时还需要考虑实际操作的可行性。其次要考虑的问题是 A、B 水库满足调水条件时，如何进一步确定调水量的大小。调水量的大小一方面决定了调水工程的规模，另一方面对当地供水可靠性存在一定不利影响，因此需要综合考虑整体与局部利益，同时考虑工程建设成本等因素。

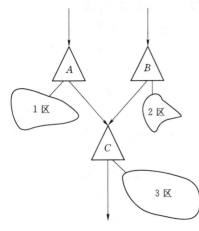

图 3.8　并联水库群概化图

1. 并联水库调度模拟模型

如图 3.8 所示的并联水库系统，各水库都有自己对应的供水区域，每个供水区域均有工业、农业、生活等多个不同用水部门。为了避免供水区域产生集中破坏，同时考虑到不同用水户对缺水风险承受能力的不同，每一个用水部门需对应一条限制供水调度线，即当时段初水库蓄水量小于某用水户限制供水调度线对应的需水量时，减少该用水户的供水量，减少比例可根据用水户的抗风险能力及预测后续来水、用水过程等要素综合等确定。为了突出模拟模型的基本方法，同时为了便于叙述，假定每个供水区域只存在两种优先级用水户，并用生活用水、工业用水及其他用水（后文中简称工生用水）为一个优先级、农业用水为一个优先级。在此假定条件下，每个水库对当地供水需要两条调度线。

在满足当地用水需求后，还需要有一条调度线用来指导水库调水过程。图 3.8 中受水水库 C 与供水水库 A 和 B 的调度规则不同。受水水库至少需要有一条调水线用来指示本时段是否需要外调水，当水库库容低于该调度线时，表明当前或未来时段可能用水不足，需要引入外调水；供水水库则需要有一条调度线指示本时段是否可以外调水，例如当水库库容高于该调度线时，表示本时段水量充足，可以外调水。对整个系统而言调水实施的条件是受水水库时段初库容低于调水调度线对应的库容，同时供水水库时段初库容高于对应调水调度线，即系统状态表明受水水库可能出现缺水同时供水水库有余水条件。

当供水系统达到调水条件时，水库调水量大小对未来时段供水存在一定影响。调水量过大则可能导致未来调出区缺水，同时过大的调水量势必增加输水工程成本。一般在模拟时可设置最大调水能力作为时段最大调水量，具体调水量大小取可调水量与最大调水能力的小值。

2. 并联水库优化调度模型

并联水库作为供水系统,其目标函数与单一水库类似,可根据具体供水系统实际情况选择相应性能指标的加权和作为目标函数。假定如图 3.8 所示的供水系统的可靠性及易损性较为重要,则系统的目标函数可表示如下:

$$\min: Z = \sum_{k=1}^{K} \sum_{j=1}^{M} \left[\omega_{rkj} (1 - \alpha_{kj}) + \omega_{vkj} \nu_{kj} \right] \tag{3.37}$$

式中:K 为供水系统水库个数;M 为供水区用水户总数;α_{kj}、ν_{kj} 分别为水库 k、用水户 j 的可靠性与易损性指标,其计算公式分别如式(3.16)及式(3.22)所示;ω_{rkj}、ω_{vkj} 分别为水库 k、用水户 j 的可靠性与易损性目标权重。

供水系统约束条件包括水库水量平衡约束、库容约束、可调水量约束及非负约束等。对调出水库,其水量平衡约束可表示为

$$S_i(t) + Q_i(t) - Div_i(t) - L_i(t) - W_i(t) = S_i(t+1) \tag{3.38}$$

类似地,调入水库水量平衡约束可表示为

$$S_i(t) + Q_i(t) + \sum_{i=2}^{3} Div_i(t) - L_i(t) - W_i(t) = S_i(t+1) \tag{3.39}$$

式中:$S_i(t)$ 为水库 i 在 t 时段初的蓄水量;$Q_i(t)$、$L_i(t)$、$W_i(t)$、$Div_i(t)$ 分别为水库入库水量、损失水量、供水量及调水量。

库容约束、可调水量约束可分别表示如下:

$$V_{i,\min}(t) \leqslant S_i(t) \leqslant V_{i,\max}(t) \tag{3.40}$$

$$0 \leqslant Div_i(t) \leqslant D_{i,\max} \tag{3.41}$$

式中:$V_{i,\min}$、$V_{i,\max}$ 分别为水库 i 在 t 时段的最大、最小库容;$D_{i,\max}$ 为水库 i 的最大调水能力。

3. 模型求解方法

假定上述供水系统运行周期为一年,每个月为一个时段。则确定每个水库调度线需要 36 个决策变量;若水库最大调水能力在运行周期内保持不变,即需要 2 个决策变量分别表示两个调水水库的最大调水能力,因此如图 3.8 所示的供水系统需要求解具有 110 个决策变量的优化问题。目前求解多变量复杂优化问题的方法中,遗传算法、粒子群算法等及其改进算法是较常用的有效方法。上述两类方法已有较多参考文献,本文不再具体介绍算法原理及思路。

思 考 题

1. 水库调度是如何分类的?各类包括哪些?
2. 供水系统性能指标有哪些?各代表什么意义?
3. 防洪与兴利调度的矛盾主要集中在哪方面?
4. 水库防洪优化调度的准则有哪些?
5. 简要介绍纽约规则的基本原理与适用条件。
6. 从系统供水性能评价的角度分析限制供水规则对系统性能的影响。

参 考 文 献

[1] Bower, B. T., Hufschmidt, M. M., Reedy, et al. Operating procedures: their role in the design of water - resource systems by simulation analyses [M]. Harvard University Press, Cambridge, 1966.

[2] Clark, E. J. Impounding reservoirs [J]. Journal of the American Water Works Association, 1956, 48 (4): 349 - 354.

[3] Maass, Hufschmidt, Dorffnan et al. Design of Water Resource Systems. New techniques for relating economic objectives, engineering analysis, and govenmental planning, Harvard University Press, 1962.

[4] Hashimoto, T., J. Stedinger, D. Louks. Reliability, resilience and vulnerability criteria for water resource system performance evaluation [J]. Water Resources Research, 1982, 18 (1): 14 - 20.

[5] 雷声隆, 覃强荣, 郭元裕, 等. 自优化模拟及其在南水北调东线工程中的应用 [J]. 水利学报, 1989 (5): 10 - 13.

[6] 邵东国. 跨流域调水工程规划调度决策理论与应用 [M]. 武汉：武汉大学出版社, 2001.

[7] 罗强, 宋朝红, 雷声隆. 水库调度自优化模拟技术的最优域 [J]. 水电能源科学, 2002, 20 (3): 47 - 50.

第4章 水 资 源 配 置

4.1 概 述

水资源作为一种基础性自然资源和重要的战略经济资源，对社会经济可持续发展具有重要作用，也是生态环境的重要控制性因素之一。水资源优化配置是指为了保障经济、社会、资源、环境的协调发展，利用工程和非工程措施对一定时空领域内的水资源进行资源整合、技术优化、可持续开发与管理的配置理论及方式。水资源优化配置理念开始于20世纪50—60年代，较多使用水资源可持续管理（Water Resource Sustainable Management）这一术语，且多以水库优化调度为先导，在其中体现水资源优化配置的思想。N. 伯拉斯在其所著的《水资源科学分配》中系统总结并研究了水资源配置理论与方法。伴随数学规划和模拟技术的发展及其在水资源领域的应用，很多学者开始采用数学模型方法来研究水资源的优化配置。但早期的水资源优化配置常常以水量和经济效益最大化为目标，随着水污染及生态环境等问题的凸显，水质、生态环境和社会目标也逐步应用于不同的水资源配置模型中。

目前水资源优化配置理论和方法研究已取得很多有价值的成果。从研究方法上，优化模型由单一的数学规划模型发展为数学规划与模拟技术、向量优化等几种方法的组合模型；对问题的描述由单目标发展为多目标，特别是大系统优化理论、计算机技术和新优化方法的应用，使复杂的多水源、多用水部门优化配置问题变得可行；从研究对象的空间规模上，由最初的灌区、水库等工程控制单元水量的优化配置研究，扩展到不同规模的区域、流域和跨流域水量优化配置研究；从研究的水资源属性上，由最初的单一水量优化配置，扩展到水量、水质耦合，以及有生态环境需水参与的统一优化配置研究。但由于水资源系统的复杂性涉及经济、社会、技术和生态环境的各方面，特别是可持续发展战略实施，对水资源配置的要求越来越高，水资源优化配置也不断面临新的挑战。将水资源优化配置和调控方式与社会、经济、生态环境系统相结合，开展水资源可持续利用研究是当前国际水科学发展的必然趋势。

4.1.1 水资源优化配置基本概念

水资源优化配置是指在特定的流域或区域范围内，遵循公平、效率和可持续利用的原则，以水资源的可持续利用和经济社会的可持续发展为目标，通过各种工程与非工程措施，考虑市场经济规律和资源配置准则，通过合理抑制需求、有效增加供水、积极保护生态环境等手段和措施，对多种可利用水资源在时间上、空间上和不同受益者之间进行科学合理的分配，实现有限水资源的经济、社会和生态环境综合净效益（福利）最大化，以及水质水量的统一和协调。

考虑生态环境需水的高后效性和紧迫性，可将生态环境需水作为一个独立的用水部门参与水资源优化配置，生态环境效益与经济、社会效益并重，促进区域的可持续发展。此外，由于水资源同时具有自然、社会、经济和生态环境属性，其优化配置问题必然涉及国家与地方等多个决策层次、部门和地区等多个决策主体、近期与远期等多个决策时段以及社会、经济、生态环境等多个决策目标，是一个高度复杂的多目标决策问题。

4.1.2 水资源优化配置原则

水资源优化配置应遵循的基本原则包括公平性原则、效率原则、可持续性原则：

（1）公平性原则。强调发展的主要目标是满足人类需求和欲望，然而由于现状发展的不平衡导致人类需求存在很多不公平因素，公平性原则的核心问题是资源的公平分配，既包括时间上的（代际）公平分配，也包括空间上的（代内）公平分配。该原则实质上表述了水资源可持续利用在代内和代际之间的发展机会的公平性。代内公平指一个地区为发展需要开发利用水资源时不损害其他地区开发利用水资源的机会。

（2）效率原则。按照纯经济学观点，效率原则可解释为经济上有效的水资源分配，即水资源利用的边际效益在各用水部门中都相等。换言之，在某一用水部门增加一个单位的水资源利用所产生的效益，在任何其他部门也是相同的，否则需要将这部分水资源分配给效益或回报更大的部门。此外，可持续发展并不仅仅强调经济效益，更强调社会、经济与生态环境的协调发展，水资源利用的目标应包括社会的、经济的和生态环境的目标，水资源优化配置就考察各目标之间的竞争性，以满足真正意义上的效率原则。

（3）可持续性原则。人类对自然资源的耗竭速率应考虑资源的临界性，可持续发展不应损害支持地球生命的自然系统，包括大气、水、土壤、生物等。发展一旦破坏了人类生存的物质基础，发展本身也就衰退了。持续性原则的核心是人类的经济和社会发展不能超越自然资源与环境的承载能力。可持续性原则要求当代人在开发利用水资源时，保持水资源循环的整体性和再生能力，使后代人具有平等的发展机会，而不是掠夺性开发利用，甚至破坏。

4.1.3 水资源优化配置步骤

水资源优化配置应深入了解系统内部和各子系统之间的影响关系，寻找主要控制参量建立数学模型。具体步骤如下：

（1）确定优化目标、约束条件和方案设计。水资源优化配置模型一般包括经济、社会和生态环境等3个目标，同时确定必需的约束条件。方案设计是水资源系统中所有的不同情景下的可行方案，如供、用水工程的确定或调配计划可行性等。

（2）建立数学模型。常见的数学模型类型有混沌动力学模型、多目标决策模型、结构解释模型和复杂适应系统模型等。

（3）数学模型求解。确定模型参数，选择适当的优化方法求解模型得到最优解，并进行灵敏度分析确定模型参数变化范围及其对最优解的影响程度。由于水资源优化配置数学模型的复杂性，需要从常规方法中突破寻找更有效的智能优化方法，常见的智能方法有演化算法、基因算法等。

（4）计算结果验证。选取可靠的实际系统记录与模型性能及输出结果进行比较，然后通过调整率定参数，保证模型输出结果的准确可靠。

（5）配置方案评价。需要从水资源、社会经济和生态环境复合系统可持续发展的角度进行不同情景下的水资源配置方案动态变化的评价，为水资源可持续利用的最终决策提供依据。

4.2 水资源优化配置建模

在资源经济学中，资源优化配置是研究如何把有限的、稀缺的资源，配置于整个国民经济、产业、地区以及企业之间，使其达到充分利用以取得最佳的经济效益的动态过程。意大利经济学家 Pareto 给出了资源优化配置的最优状态，认为"当一种资源的任何重新配置已经不可能使任何一个人的处境变好，而又不使另一个人的处境变坏；换言之，社会已经达到这样一种状况，即任何变革都不可能使任何人的福利有所增加，而不使其他人的福利减少，这种程度就达到了最优级的资源配置状况"。然而水资源不同于常规资源，不能照搬常规资源的 Pareto 状态，需要综合生态经济学、环境经济学和水资源学等学科理论论证适合水资源的配置状态。

经济效益反映水资源充分利用程度和生产效率的高低。通常，可根据经济效益指标，如工业总产值耗水量、作物水分生产率、单位国内生产总值（GDP）用水量等，反映一定时期的水资源利用效率。通过国内外不同发展阶段用水效率与水平的对比分析，提出水资源优化配置的经济效益衡量指标与标准。

社会效益主要体现社会分配的公平性和区域的和谐关系，通常可用生活供水保证率、社会安全饮用水比例、人均粮食产量、人均 GDP 等反映水资源优化配置的社会效果。根据水资源优化配置原则和机制，社会效益侧重供水的公平，因此，可引进经济学有关公平性衡量指标与标准来建立水资源优化配置的社会效益度量指标与标准。

生态环境效益主要体现水资源对生态系统的压力或维持作用。通常，反映生态环境效益的指标有生物指标、排污量、污径比、航道缩短率、生态环境缺水量、生态环境需水满足程度等。现在国家有地表水与地下水、饮用水等多种水质标准，也有湿地、水生物等评价标准，为衡量水资源优化配置的生态环境效益指标提供了依据（刘丙军等，2005）。

4.2.1 水资源优化配置的目标

水资源配置目标根据研究区域实际供、用水具体情况及面临的问题，结合水资源配置原则设置。通常可以用水资源的经济效益反映效率原则，用社会效益反映公平原则，用生态环境效益反映可持续发展原则。经济效益、社会效益及生态环境效益随地区及研究方向不同，量化方式也不完全一致。水资源优化配置模型目标测度一般形式为

$$opt\{f_1(X), f_2(X), f_3(X)\}$$
$$s.t. \quad X \in G(X) \tag{4.1}$$

式中：opt 为优化方向，包括最大化和最小化方向；X 为决策向量；$f_1(\cdot)$、$f_2(\cdot)$、$f_3(\cdot)$ 分别为经济效益、社会效益和生态环境效益目标；$G(\cdot)$ 为约束条件集。

1. 经济效益目标

经济效益目标可以采用直接计算或间接计算两类方法。直接计算方法以研究区域用水净效益最大为水资源配置的经济目标。水资源配置的经济效益为农业灌溉用水、牲畜用

水、工业用水净效益之和。农业灌溉效益为各种作物的毛效益扣除种子、肥料、劳动力及水费等成本后的净效益；牲畜用水效益由牲畜头数与单头牲畜平均效益之积计算；工业用水效益采用净产值系数法计算。直接计算方法适用于资料较多或各行业净效益计算工作量不大的区域。间接计算方法则是建立经济数据与用水量的相关关系，计算不同部门不同用水条件下的经济产出，在此基础上进一步划分出由配置贡献的经济产出。本次以研究区域国内生产总值（GDP）为例介绍水资源优化配置的经济效益目标。

设区域划分为 K 个子区，$k=1,2,\cdots,K$，子区 k 内有 $I(k)$ 个独立水源，$J(k)$ 个用水部门，其中第 $e(k)[e(k)\leqslant J(k)]$ 用水部门表示生态环境用水。区域内有 M 个共用水源，$c=1,2,\cdots,M$，共用水源 c 分配到子区 k 的水量用 D_c^k 表示。区域内有 N 个跨流域水源，$b=1,2,\cdots,N$，调水水源 b 分配到子区 k 的水量用 D_b^k 表示。

对于计算区域内的子区 k 的国内生产总值，计算公式为

$$GDP(k)=\sum_{j=1}^{gdp(k)}Fgdp_j^k\left[\sum_{i=1}^{I(k)}x_{ij}^k+\sum_{c=1}^{M}x_{cj}^k+\sum_{b=1}^{N}x_{bj}^k\right] \tag{4.2}$$

式中：$GDP(k)$ 为子区 k 的 GDP；$Fgdp_j^k(\cdot)$ 为子区 k 用水部门 j 的 GDP 与用水量的函数；$gdp(k)$ 为子区 k 内对 GDP 有贡献的用水部门的集合，$gdp(k)\leqslant J(k)$；x_{ij}^k、x_{cj}^k、x_{bj}^k 分别为独立水源 i、共用水源 c、跨流域水源 b 向子区 k 用水部门 j 的供水量。

简便起见，水资源规划与管理中常采用 GDP 与用水量之间的线性关系表示，世界各国包括中国各省市的 GDP 与用水量之间的数据统计分析也证实这一观点（线性拟合的复相关系数 $r^2>0.8$）。计算公式为

$$GDP(k)=\sum_{j=1}^{gdp(k)}\left\{\omega_kB_j^kgdp_j\left[\sum_{i=1}^{I(k)}\alpha_i^kx_{ij}^k+\sum_{c=1}^{M}\alpha_c^kx_{cj}^k+\sum_{b=1}^{N}\alpha_b^kx_{bj}^k\right]\right\} \tag{4.3}$$

式中：B_j^k 为子区 k 用水部门 j 的单位水量产值系数，对工业用水部门可用万元产值用水定额推求，对农业用水部门可采用灌溉定额和灌溉增产效益推求；ω_k 为子区 k 权重系数；α_i^k、α_c^k、α_b^k 分别为子区 k 独立水源 i、共用水源 c、跨流域水源 b 的供水次序系数；gdp_j 为用水部门 j 的 GDP 贡献占产值的比例系数，可采用区域统计年鉴推求。

上述公式求得的是子区 GDP 总量，尚需要在此基础上利用供水效益分摊系数法进一步得到由水资源优化配置所贡献的 GDP 量，即

$$GDP_w(k)=\sum_{j=1}^{gdp(k)}\varphi_j\left\{\omega_kB_j^kgdp_j\left[\sum_{i=1}^{I(k)}\alpha_i^kx_{ij}^k+\sum_{c=1}^{M}\alpha_c^kx_{cj}^k+\sum_{b=1}^{N}\alpha_b^kx_{bj}^k\right]\right\} \tag{4.4}$$

式中：$GDP_w(k)$ 为水资源优化配置对第 k 子区 GDP 的净贡献值；φ_j 为用水部门 j 的供水效益分摊系数，一般农业为 $0.25\sim0.6$，工业为 $0.08\sim0.12$，根据具体情况分析确定。

若记 X 为不同水源对不同子区、不同用水部门的供水量所组成的供水矩阵，整个区域的经济效益目标 $B_{economy}$ 可定义为

$$B_{economy}(X)\triangleq\sum_{k=1}^{K}GDP_w(k) \tag{4.5}$$

2. 社会效益目标

社会效益目标侧重于供水的公平性，包括部门供水公平性和区域供水公平性。可以用不同计算单元不同用水户的用水满意程度的差别最小，或人均净效益与流域平均人均效益

变率的均方差最小等指标衡量供水公平性。此外供水公平性可借用经济学中"基尼系数（Gini Coefficient）"的概念来度量。基尼系数的计算公式为

$$G = \frac{1}{N} \sum_{i=1}^{N} \sum_{j=2, j>i}^{N} \left(\frac{I_i}{I} - \frac{I_j}{I} \right) = \frac{1}{NI} \sum_{i=1}^{N} \sum_{j=2, j>i}^{N} (I_i - I_j) \tag{4.6}$$

式中：G 为基尼系数；N 为全社会成员或阶层总数；I 为全社会所有成员或阶层的收入之和；I_i、I_j 分别为第 i、j 个成员或阶层的收入。

式（4.6）的经济意义是通过计算全社会任何两个成员（或阶层）之间的收入比率之差，来考察收入分配的差异程度。基尼系数的值域为 $[0,1]$，其值越小，表明收入分配越趋向平等，反之则表明收入分配趋向不平等。

由于用水部门或子区的需水量不同，其供水量一般也不同，若单纯用供水量差异来考察水资源优化配置的公平性，难以反映不同子区或不同用水部门的供需差异。根据基尼系数的含义，可通过考察子区内各水部门供需水比值的差异，反映子区内的部门供水公平；通过考察区域内所有子区总供需水比值的差异，反映子区间的供水公平。

定义部门供水基尼系数为

$$f_2' = \sum_{k=1}^{K} \omega_k \sigma_1^k \tag{4.7}$$

其中

$$\sigma_1^k \triangleq \sum_{t=1}^{T} \sum_{j=1}^{J(k)} \sum_{j'=2, j'>j}^{J(k)} \left[\frac{WS_j^k(t)/WD_j^k(t) - WS_{j'}^k(t)/WD_{j'}^k(t)}{TJ(k)M^k(t)} \right] \tag{4.8}$$

$$M^k(t) = \sum_{j=1}^{J(k)} \frac{WS_j^k(t)}{WD_j^k(t)}, \quad WS_j^k = \sum_{i=1}^{I(k)} x_{ij}^k + \sum_{c=1}^{M} x_{cj}^k + \sum_{b=1}^{N} x_{bj}^k \tag{4.9}$$

式中：f_2' 为区域的部门供水基尼系数，其值越小，表明水资源优化配置的部门公平性越好；σ_1^k 为子区 k 的部门供水基尼系数；$WS_j^k(t)$ 为时段 t 子区 k 用水部门 j 的供水量；$WD_j^k(t)$ 为时段 t 子区 k 用水部门 j 的需水量；$M^k(t)$ 为时段 t 子区 k 总供水量与需水量比值之和；T 为时段总数；其他变量意义同前。

定义区域供水基尼系数为

$$f_2'' \triangleq \sum_{t=1}^{T} \sum_{k=1}^{K} \sum_{k'=2, k'>k}^{K} \left[\frac{WS^k(t)/WD^k(t) - WS^{k'}(t)/WD^{k'}(t)}{TKN(t)} \right] \tag{4.10}$$

其中

$$N(t) = \sum_{t=1}^{T} M^k(t), \quad WS^k(t) = \sum_{j=1}^{J(k)} WS_j^k(t), \quad WD^k(t) = \sum_{j=1}^{J(k)} WD_j^k(t) \tag{4.11}$$

式中：f_2'' 为区域供水基尼系数，其值越小，表明水资源优化配置的子区间公平性越好；$N(t)$ 为时段 t 全部子区供水量与需水量比值之和；$WS^k(t)$ 为子区 k 总供水量；$WD^k(t)$ 为子区 k 总需水量；其他变量意义同前。

因此，定义社会效益目标为

$$B_{society}(X) \triangleq \sqrt{f_2' f_2''} \tag{4.12}$$

式中：$B_{society}$ 为社会效益目标，是逆向目标，值域为 $[0,1]$。

3. 生态环境效益目标

生态环境效益目标的度量是国内外研究的热点之一。目标量化方法也随研究的侧重点不同而不同，通常在各计算单元生态环境需水量的基础上，应用生态环境需水量的满足程

度反映生态环境效益目标；或是利用污染物排放量与单元水环境容量的比值反映生态环境效益；此外还可通过研究区域污染物排放总量间接反映生态环境效益的大小。本文以生态环境需水量为依据，建立生态环境需水综合保证率计算方法，以此作为水资源优化配置的生态环境效益目标。

定义生态环境需水满足度为发生生态环境缺水情况下的生态环境功能与正常生态环境功能之间的关系。不失一般性，假定时段步长为 Δt，时滞 $d-\Delta t$，则可定义时段 t 的生态环境需水满足度 $r(t)$ 如下。

令时段 t 的生态环境供水量与需水量的比值 $\psi(t)$ 为

$$\psi(t)=\frac{WS_{e(k)}(t)}{WD_{e(k)}(t)} \tag{4.13}$$

式中：$WS_{e(k)}(t)$、$WD_{e(k)}(t)$ 分别为时段 t 的生态环境供水量和需水量。

不同的时段生态环境需水量不同，生态环境对缺水的敏感性也不一样。为此可引入缺水等级敏感指数 $\lambda(t)$，并进一步定义时段 t 的生态环境需水满足度 $r(t)$ 为

$$r(t)=\psi(t)^{\lambda(t)} \tag{4.14}$$

由上述诸式可定义生态环境需水满足函数 R 为

$$R=\prod_{t=1}^{Year_T} r(t) \tag{4.15}$$

式中：$Year_T$ 为一个计算年度内时段 t 的划分数。

式（4.15）为某一生态环境需水量设计断面 i 在一个计算年度的生态环境需水满足函数。对 $Years$ 个计算年度，可得到断面 i 的生态环境供水保证率 P_i 为

$$P_i=\sum_{m=1}^{Year} R_i(m)/(YEAR+1) \tag{4.16}$$

式中：$R_i(m)$ 为断面 i 在第 m 个计算年度的生态环境需水满足函数。

对所有断面，以断面的控制长度为权重，可得生态环境供水综合保证率 P 为

$$P=\sum_{i=1}^{L} \omega_i P_i, \quad \omega_i=Len_i/\sum_{i=1}^{L} Len_i \tag{4.17}$$

式中：ω_i 为断面 i 的控制长度占总长度的比例；L 为断面数；Len_i 为断面 i 的控制长度。

因此，定义生态环境效益目标 $B_{ecology}$ 为

$$B_{ecology}(X)=P \tag{4.18}$$

4.2.2 水资源优化配置的约束条件

为了使水资源配置的结果尽可能接近实际情况，配置过程需要满足一系列约束条件。主要约束条件包括生存条件约束，水资源可利用量约束，水源供水能力约束，污染物排放量约束及其他约束等。

（1）生存条件约束。

$$D_{j,\min}^k \leqslant \sum_{i=1}^{I(k)} x_{ij}^k + \sum_{c=1}^{M} x_{cj}^k + \sum_{b=1}^{N} x_{bj}^k \leqslant D_{j,\max}^k \tag{4.19}$$

式中：$D_{j,\min}^k$、$D_{j,\max}^k$ 分别为子区 k 用水部门 j 的最小、最大需水量，对生活需水，应最优

化满足，取等号约束。

（2）水资源可利用量约束。

独立水源：
$$\sum_{j=1}^{J(k)} x_{ij}^k \leqslant W_i^k \qquad (4.20)$$

共用水源：
$$\begin{cases} \sum_{j=1}^{J(k)} x_{cj}^k \leqslant D_c^k \\ \sum_{k=1}^{K} D_c^k \leqslant W_c^k \end{cases} \qquad (4.21)$$

跨流域水源：
$$\begin{cases} \sum_{j=1}^{J(k)} x_{bj}^k \leqslant D_b^k \\ \sum_{k=1}^{K} D_b^k \leqslant W_b^k \end{cases} \qquad (4.22)$$

式中：W_i^k、W_c^k、W_b^k 分别为独立水源 i、公共水源 c 和跨流域水源 b 的可利用水量；D_c^k、D_b^k 分别为中间变量，表示公共水源 c 和跨流域水源 b 分配子区 k 的水量。

（3）水源供水能力约束。

独立水源：
$$x_{ij}^k \leqslant Q_i^k \qquad (4.23)$$

共用水源：
$$x_{cj}^k \leqslant Q_c \qquad (4.24)$$

跨流域水源：
$$x_{bj}^k \leqslant Q_b \qquad (4.25)$$

式中：Q_i^k 为子区 k 水源 i 的最大供水能力；Q_c、Q_b 分别为共用水源和跨流域水源的最大供水能力。

（4）污染物排放量约束。

$$\sum_{j=1}^{J(k)} Y_{kj}^p \leqslant \theta_k Y_{k,\max}^p \qquad (4.26)$$

式中：Y_{kj}^p 为子区 k 用水部门 j 排放的第 p 类污染物指标；$Y_{k,\max}^p$ 为子区 k 所能承受的第 p 类污染物最大容量；θ_k 为子区 k 的污染物允许超标指数，它与科技进步和经济发展水平有关。

（5）其他约束，如水量平衡约束，变量非负约束，输水工程供水能力约束等。

$$x_{ij}^k, x_{cj}^k, x_{bj}^k \geqslant 0 \qquad (4.27)$$

4.3　水资源优化配置模型求解方法

随着社会经济的发展和人们对水资源可持续利用的日益重视，水资源优化配置除要考虑生态环境用水需求外，还要考虑地区间的来用水时空相关关系和当地地表水、外调客水和地下水资源等多水源的联合运用，以保证多个用水目标间的相对均衡和水资源可持续利用。因此，水资源系统优化配置问题大多是一个涉及众多蓄水设施和供水地区的高维多目标决策问题，需要采用大系统多目标优化配置理论与方法进行求解。

采用大系统多目标分解协调法求解复杂水资源系统优化配置问题时，一般需要先根据水资源系统的组成、结构、功能、目标、时空关系等因素，将它们分解为多层递阶结构模型。水资源优化配置整体模型的目标函数具有以下特点：①经济效益目标函数 $f_1(X)$ 为各子区经济效益的线性组合，各子区与其他子区的配置方式无关，根据 Bellman 原理，该目标的区域最优解一定是各子区最优解，可在子区得到预分水量后进行独立寻优；②社会效益目标函数 $f_2(X)$ 为两部分乘积组合 $f_2(X)=(f_2'f_2'')^{1/2}$，其中 $f_2'(X)$ 为各子区的线性组合，与经济效益目标函数相似，可按独立方式寻优，$f_2''(X)$ 仅与子区总水量配置有关，与了区配置方式无关，为区域级的宏观耦合关系；③生态环境效益目标函数 $f_3(X)$ 与各子区的水量配置方式无关，仅与各子区总供水量存在隐式关系，各子区的总供水量大小影响到生态环境供水量，从而影响到生态环境供水综合保证率，因此，生态环境效益目标也是区域级的宏观耦合关系。

　　水资源优化配置整体模型的约束函数具有以下特点：①约束条件全部为线性约束；②各子区域约束之间相对独立。根据水资源配置模型特点分析，可将模型目标等效为

$$\min\{-f_1(X),f_2(X),-f_3(X)\}$$

$$s.t.\begin{cases}\min\{-f_1^k(X^k),f_2^{k'}(X^k)\},k=1,2,\cdots,K\\X^k\in G^k\end{cases} \tag{4.28}$$

式中：低一级优化模型记为 $LOP_{opt}(k)$，$k=1,2,\cdots,K$，是对各子区 k 以两个目标进行优化，第一个函数 $f_1^k(X^k)$ 为经济目标，追求经济效益最大化，第二个函数 $f_2^{k'}(X^k)$ 为部门供水基尼系数，追求部门供水高公平性，两者相互竞争。高一级优化模型记为 HOP_{opt}，是对区域以 3 个目标进行优化，第一个函数 $f_1(X)$ 为区域经济目标，是 $LOP_{opt}(k)$ 中的 $f_1^k(X^k)$ 的线性组合，追求区域经济效益最大化；第二个函数 $f_2(X)$ 为社会目标，与 $LOP_{opt}(k)$ 中的 $f_2^{k'}(X^k)$ 存在非线性函数关系，追求区域供水的高公平性；第三个函数是生态环境目标 $f_3(X)$，追求生态环境综合保证率最大，三者相互竞争。如图 4.1 所示。

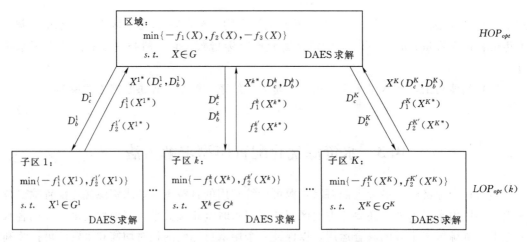

图 4.1　水资源优化配置整体模型的分解协调结构图

　　$LOP_{opt}(k)$ 是在各子区从外部引水量确定的条件下，进行子区寻优，子区从共用水源和跨流域水源的引水量，在 $LOP_{opt}(k)$ 中可看作已知资源条件，而在 HOP_{opt} 中则作为主要的决策变量。换言之，在对子区进行优化时，各子区所配置的可利用水资源量是暂

定的，这种配置又必须是可行的，即受到可利用水资源总量的制约。在 HOP_{opt} 中，决策变量为子区总供水量，决策变量个数为 $T\times K$ 个；在 $LOP_{opt}(k)$ 中，决策变量为子区供水配置方式，决策变量个数为 $T\times I(K)\times J(K)\times M\times N$ 个，这种分解处理方式极大减少了两级优化问题的决策变量个数。具体思路为：采用分解协调技术中的模型协调法，将关联约束变量，即共用水资源量 D_c 和跨流域水资源量 D_b 进行预分，产生预分方案 D_c^k 和 D_b^k，然后反复协调分配量，实现系统全局最优。

　　水资源优化配置整体模型经过分解后的不同级别子模型的求解相对容易，可以根据各子模型特点采用不同优化模型，如线性规划、非线性规划、动态规划及其他智能算法等。其中线性规划、非线性规划、动态规划受到较多条件约束，应用范围有限，水资源系统由于其相对复杂性，通常需要采用智能算法进行求解。演化算法（Evolutionary Algorithms，EA）是一类仿效自然界演化规律建立起来的一种自适应全局搜索的概率智能优化算法，它通过维持潜在解种群，适者生存，逐代演化，并行搜索最优点，以其通用性高、鲁棒性强、适于并行处理和应用范围广等显著特点。

　　研究实践表明，演化算法在解决复杂性水科学问题方面具有广阔的前景，但是目前的研究仅局限于遗传算法，对初始开发用于解决数值优化问题的演化策略在复杂性水科学问题方面的研究尚未多见。

　　演化策略最早由德国科学家 Rechenberg 和 Schaeffer 在求解各种带连续可变参数优化问题时创建的，最初是基于个体组成的种群，个体被表达为一对浮点值向量，即 $v=(x,\sigma)$，其中 x 表示搜索空间的一个点，σ 是标准偏差向量，在演化过程中只使用变异算子，且变异是通过对 x 的替换实现，这种演化策略被称为"两成员"演化策略（因为在一次选择中是子个体与父个体一起进行竞争），记为 $(1+1)$-ES。演化策略运算过程如图 4.2 所示。

　　后来，演化策略进一步发展成熟变为 $(\mu+\lambda)$-ES 和 (μ,λ)-ES。在 $(\mu+\lambda)$-ES 中，μ 个个体生成 λ 个子个体，中间种群由 $(\mu+\lambda)$ 个个体组成，通过在其中选择 μ 个优胜个体形成下一代种群。而在 (μ,λ)-ES 中，μ 个个体生成 λ（$\lambda>\mu$）个子个体，选择过程只从 λ 个子个体中选择 μ 个优胜个体形成下一代种群，即每个个体的生命被限制在一代里。相比而言，(μ,λ)-ES 对随时间移动或目标函数是带噪声的最优化问题执行效果更好。

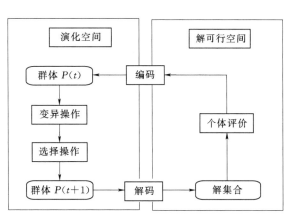

图 4.2　演化策略运算过程示意图

　　根据水资源多目标优化配置整体模型目标函数形式、约束条件形式和模型复杂程度等特征，邵东国、阳书敏等（2006）以 (μ,λ)-ES 为基础，开发了相应的多目标版本，称之为可变外部存储多目标演化策略（Dynamic Archive Evolution Strategy，DAES），仍然具有演化策略标志性特征的 μ 和 λ 参数。但与其他多目标演化算法不同，DAES 采用一个容量可变化的外部存储集以保存演化过程中搜索到的精英个体或次精英个体，并通过外部存储集添加规则和外部存储集减少规则来维护该存储集；采用由不连续重组算子、Gauss变异算子和 Cauchy 变异算子最优组合算子；采用完全非支配选择机制和基于种群多样性指标的适应值分配方式以保证种群的精度和多样性。

DAES 伪代码如图 4.3 所示。下文分别阐述编码方式、演化操作（Produce Offspring）、适应值分配方式（Assign Fitness）、外部存储集添加规则（Increase Archive）、外部存储集减少规则（Decrease Archive）和约束控制规则等关键操作。

```
function result＝DAES(μ,λ,age_min,size_min)
    随机初始化种群 P 并评价个体；
    将 P 中的非支配个体拷贝到外部存储集 G；演化次数 t 初始化为 0；
    do
        将中间种群 H 复位为空集；初始化子个体计数 r 为 0；
        do
            从 P(t)∪G 中随机选择个体 a 和不被 a 支配的个体 b；
            c＝ProduceOffspring(a,b,P,G)；    //G－C 演化操作
            IncreaseArchive(c,a,b,G,size_min)；    //外部存储集添加规则
            将 c 拷贝到 H；r＝r+1；
        while(r＜λ)
        DecreaseArchive(G,age_min,λ)；    //外部存储集减少规则
        AssignFitness(H)；    //分配个体的适应值
        采用适应值将中间种群 H 从大到小排序；
        选取前 μ 个体进入下一代种群 P(t+1)；    t＝t+1；
    while(满足终止条件)
    将 P(t)∪G 中的非支配个体集合赋给 result 并返回；
end function
```

图 4.3　DAES 伪代码（Pseudocode）

1. 编码方式

DAES 采用三元组编码，个体被表达为 (x,σ,θ) 形式，类似于一种特殊的带自适应步长 σ 和 θ 的"爬山过程"。1 分量 $x＝(x_1,x_2,\cdots,x_n)$ 表示决策变量的实数编码；2 分量 $\sigma＝(\sigma_1,\sigma_2,\cdots,\sigma_n)$ 控制 x 的变异程度；3 分量 $\theta＝(\theta_{1,2},\theta_{1,3},\cdots,\theta_{1,n},\theta_{2,3},\cdots,\theta_{(n-1),n})$ 控制搜索沿着系统坐标方向。1 分量称为决策分量，2、3 分量统称为策略分量。演化过程始终修正决策分量和策略分量，它们的自适应对应了演化系统的局部微调。

2. 演化操作

DAES 的演化操作包括重组和变异两步：两个父个体重组产生一个临时个体，再对临时个体施以变异产生最终子个体。

采用不连续重组算子，临时个体 (x',σ',θ') 的每个分量均来自于第一父个体 $[x^{(1)},\sigma^{(1)},\theta^{(1)}]$ 或第二父个体 $[x^{(2)},\sigma^{(2)},\theta^{(2)}]$，即

$$(x',\sigma',\theta')＝\{(x_1^{q_1},\cdots,x_n^{q_n}),(\sigma_1^{q_1},\cdots,\sigma_n^{q_n}),[\theta_{1,2}^{q_1},\theta_{1,3}^{q_1},\cdots,\theta_{1,n}^{q_1},\theta_{2,3}^{q_1},\cdots,\theta_{(n-1),n}^{q_1}]\}$$

(4.29)

式中：q_i 以 0.5 的概率取 1 或 2；决策分量和策略分量均参与重组，并且相互独立。

变异通常采用正态分布随机数，称为 Gauss 变异，子个体 (x'',σ'',θ'') 由下式生成

$$\sigma_i'' = \sigma_i' \exp[\tau'N(0,1) + \tau N_i(0,1)];$$
$$\theta_{i,j}'' = \theta_{i,j}' + \gamma N_{i,j}(0,1); \quad \forall i,j \in \{1,\cdots,n\}, j > i;$$
$$x'' = x' + N[0, cov(\sigma'', \theta'')] \tag{4.30}$$

式中：$N(0,1)$ 定义了随机数发生器，产生标准正态分布随机数；附加下标 i 和 j 表示对 σ 和 θ 的每一分量都独立产生随机数；$N(0, cov)$ 定义了随机向量发生器，它产生一个均值为 0、协方差矩阵为 cov^{-1} 的服从正态分布的随机向量；τ'、τ 和 γ 为常数；cov 为上三角矩阵，定义为

$$c_{i,i} = \sigma_i'; \quad c_{i,j} = \theta_{i,j}', \forall i,j \in \{1,\cdots,n\}, j > i \tag{4.31}$$

τ'、τ 的初值和 γ 一般取值规律为

$$\tau' \propto (\sqrt{2n})^{-1}; \quad \tau \propto (\sqrt{2\sqrt{n}})^{-1}; \quad \gamma \approx 0.0873 \tag{4.32}$$

称概率密度函数为

$$f(x) = \frac{\beta}{\pi[\beta^2 + (x-\alpha)^2]}, \quad \alpha > 0, \beta > 0, -\infty < x < \infty \tag{4.33}$$

的随机变量服从参数为 α 和 β 的 Cauchy 分布，记为 $\xi - C(\alpha, \beta)$。Cauchy 变异定义为

$$\sigma_i'' = \sigma_i' \exp[\tau'C(0,1) + \tau C_i(0,1)];$$
$$\theta_{i,j}'' = \theta_{i,j}' + \gamma C_{i,j}(0,1); \quad \forall i,j \in \{1,\cdots,n\}, j > i;$$
$$x'' = x' + C[0, cov(\sigma'', \theta'')] \tag{4.34}$$

式中：$C(0,\cdot)$ 为 Cauchy 随机数（向量）发生器，变量意义与式（4.30）相似，下同从略。

步骤 1：对给定的父个体 i 和 j，分别进行 Gauss 变异和 Cauchy 变异，即通过式（4.29）和式（4.30）得到子个体 a，通过式（4.29）和式（4.34）得到子个体 b。

步骤 2：比较 a 和 b。若 a 支配 b，则选择 a 作为子个体，反之则选择 b；若 a、b 互不支配，则选择相对于当前种群和外部存储集的合集中拥挤程度（Crowding）较低的个体作为子个体。

演化算子生成最终子个体（方框）示意图如图 4.4 所示。

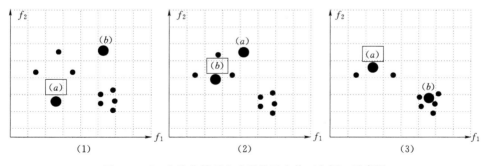

图 4.4 G-C 演化算子生成最终子个体（方框）示意图

3. 适应值分配方式

与基于目标函数向量分级的适应值分配方式不同，DAES 根据下列原则分配个体的适应值：①支配个体没有资格进入下一代种群，其适应值必须比非支配个体低；②非支配个

体通过竞争参与演化和选择，其适应值必须能体现个体间的差别；③离非支配个体聚合中心点越远的个体必须分配越大的适应值，保证更大的变异和生存概率，维持种群多样性，降低局部收敛的风险。对应图4.3中的AssignFitness函数。

因此，若j为支配个体，适应值$F(j)=0$；若j为非支配个体，适应值$F(j)>0$。距离j最近的m个个体与j的Euclid距离的平均值可以衡量j对维持种群多样性的贡献，据此用来分配j的适应值，定义为

$$F(j) = \min \sum_{l=1}^{m} \{ \| x - x_l \|_{obj} \} / m , x, x_l \in H \tag{4.35}$$

式中：x为个体j的决策分量；$\| \cdot \|_{obj}$为计算两个个体在目标空间Y上的Euclid距离。

4. 外部存储集添加规则

外部存储集添加规则用来保证新加入外部存储集的个体都优于其父个体，即只要在逼近理论非支配解的精度指标和有利于实现种群多样性指标这两者之一优于其父个体，就有机会被添加入外部存储集。因此，外部存储集添加规则是父个体、子个体、外部存储集的函数，由多个条件控制语句组成，对应图4.3中的IncreaseArchive函数。

5. 外部存储集减少规则

外部存储集减少规则通过删除可能被添加的新个体所支配的个体，用来防止外部存储集无限制膨胀，对应图4.3中的DecreaseArchive函数。由于在一次演化循环中生成了λ个子个体，即外部存储集有添加λ个个体的机会，需要对外部存储集进行λ次减少操作，即最多可能删除λ个个体。此外，对外部存储集中每一个体赋予年龄属性，首次添加时赋为0，若完成一个演化循环且仍保留在该集合中，则年龄增加1。年龄属性用来防止某个体长期存在于该集合中，而不采用种群多样性指标，并假定：若某个体的年龄超过最大年龄限制，或某个体的适应值最低，则减少规则从外部存储集中删除该个体。图4.5详细说明了减少规则实现一次前后，外部存储集的情况。由此可见，λ和当前年龄、当前适应度以及最小年龄的不同组合决定了操作执行前后的种群变化。

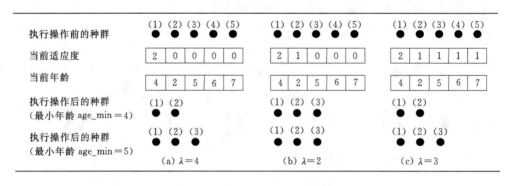

图4.5 外部存储集减少规则示意图

6. 约束控制规则

由于水资源多目标优化配置整体模型的特殊性（线性约束块和各子区的约束相对独立），DAES仅需针对区间约束和线性约束作相应处理。区间约束采用限定定义域的方法，

即在随机生成一个个体的时候，若其在定义域内，则接收该个体进行下一步的操作；若不在定义域内，则重复操作直到生成在定义域内的个体为止。对线性约束，则根据约束被破坏方向（变大或变小），随机调整线性约束中的任一个体（变小或变大），直到约束重新满足为止。

4.4　实　例　应　用

汉江是长江的最大支流，发源于秦岭南麓，于武汉市龙王庙汇入长江干流，汉江干流全长 1577km。流域范围介于东经 $106°\sim114°$、北纬 $30°\sim40°$ 之间，流域面积 15.9 万 km^2。通常以丹江口以上为上游，丹江口至钟祥碾盘山之间为中游，碾盘山以下为下游。本文研究主要结合汉江中下游干流用水范围，即以汉江干流流域及其分支东荆河为主要水源及补充水源的供水范围，包括汉江中下游两岸的河谷平原、冲积平原及平原边缘的部分丘陵区，总面积约 2.35 万 km^2，包括襄阳、荆门、荆州、孝感、天门、仙桃、潜江和武汉所辖的 19 个市、县、区以及"五三""沙洋""沉湖"等农场的全部或部分范围。

汉江中下游地区多年平均降水量为 $800\sim1200mm$，自北向南递减；降水量年内分布不均，年际变化较大。降雨量的变差系数 C_v 在 $0.20\sim0.25$ 之间，连续最大 4 个月降雨量占全年降雨量的 $55\%\sim65\%$，汛期降雨量占全年降雨量的 $75\%\sim80\%$，丰水年和枯水年降水量相差 1 倍以上。区域内多年平均陆地蒸发量为 $600\sim800mm$，水面蒸发量为 $700\sim1100mm$。

汉江中下游地区多年平均地表水资源量为 178 亿 m^3，多年平均地下水资源量为 77.5 亿 m^3；扣除重复部分，区域内多年平均水资源总量为 194 亿 m^3。20 世纪 90 年代以来，汉江 5 次出现"水华"现象，生态环境系统脆弱。

汉江中下游干流供水区水资源系统分区和概化，是在水利区划基础上，对该区域进行分解和适当的概化。因此，将该区域分解成 15 个子区，其具体分区和水资源系统概化网络分别如图 4.6 所示。采用 1997 年、2010 年和 2030 年 3 个规划水平年进行水资源配置分析，见表 4.1。丹江口水库下泄过程由主管单位提供。引江济汉工程设计流量为按原规划 $400m^3/s$，加大流量 $450m^3/s$。

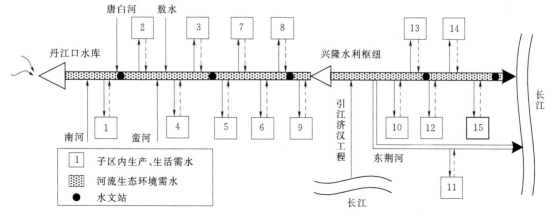

图 4.6　汉江中下游干流供水区水资源系统概化网络图

表 4.1 水资源优化配置规划水平年方案设计

规划水平年	丹江口水库下泄过程	闸站改造	兴隆水利枢纽	引江济汉工程
1997 年	不调水			
2010 年	南水北调中线调水 95 亿 m³	☆	☆	☆
2030 年	南水北调中线调水 130 亿 m³	☆	☆	☆

☆ 表示考虑相应工程条件。

选择襄阳、皇庄、沙洋、仙桃和汉口 5 个水文站作为生态环境需水设计断面，将汉江中下游干流分为 5 个河段，计算 1997 现状水平年在 50%、75%、95% 来水年和多年平均情景下的汉江中下游生态环境需水量，计算方法见参考文献 [14]。限于篇幅，仅列出平水年（$P=50\%$）和特枯年（$P=95\%$）计算结果如图 4.7、图 4.8 所示。

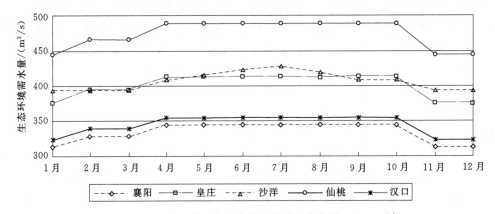

图 4.7 汉江中下游生态环境需水量时空分布图（$P=50\%$）

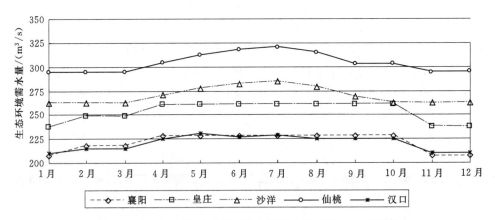

图 4.8 汉江中下游生态环境需水量时空分布图（$P=95\%$）

由此可见，生态环境需水量以抛物线形式沿程分布，两端较小，在仙桃控制段达到最大值，表明该河段是生态环境状况最脆弱的区域，也是"水华"现象最容易发生的临界区域。计算得到的平水年丰水期生态环境需水量 488m³/s，汉口控制段的生态环境需水量 343m³/s。

根据大系统分解协调的 DAES 算法，在 Microsoft® VBA 和 Matlab® R13 计算环境下求解，计算得到各规划水平年在不同水文年下的水资源优化配置非支配集。为了叙述方

便，取生态环境供水量为分量指标，以 1/3 步长区间从非支配集中随机选取对应的 3 个非
支配解作为高（H）、中（M）、低（L）备选方案，组成备选配置方案集，每一种方案分
别对应相应的决策偏好，可得出不同规划水平年、不同水文年下备选配置方案集对应的水
资源供需关系如图 4.9～图 4.11 所示，以及平水年和特枯年优化配置目标函数值如图
4.12～图 4.14 所示。

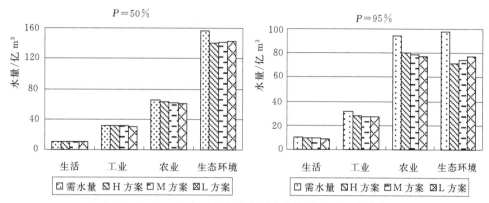

图 4.9　1997 现状水平年备选配置方案集的水资源供需关系

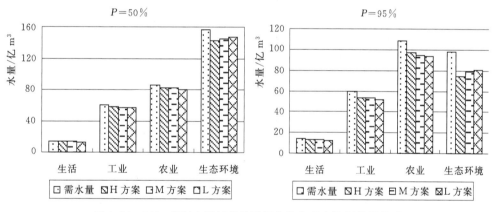

图 4.10　2010 规划水平年备选配置方案集的水资源供需关系

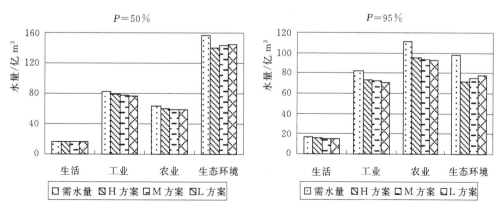

图 4.11　2030 规划水平年备选配置方案集的水资源供需关系

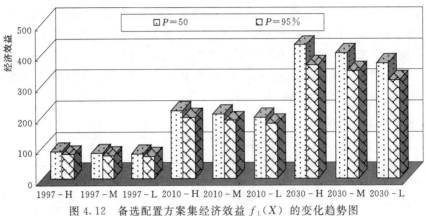

图 4.12　备选配置方案集经济效益 $f_1(X)$ 的变化趋势图

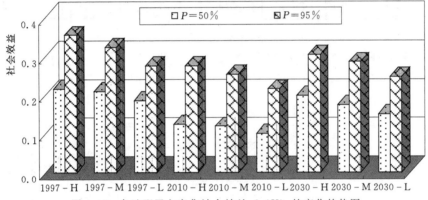

图 4.13　备选配置方案集社会效益 $f_2(X)$ 的变化趋势图

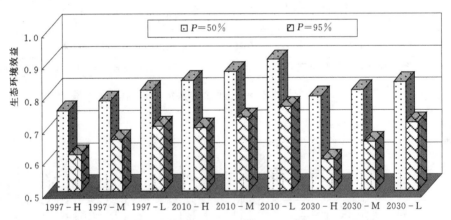

图 4.14　备选配置方案集生态环境效益 $f_3(X)$ 的变化趋势图

从图 4.12～图 4.14 中可知，经济目标随规划水平年增加，并在同一规划水平年内随方案（由 H 向 L）递减；社会目标和生态环境目标在 2010 规划水平年达到极大，在同一规划水平年内随方案递增。平水年的目标值均优于特枯年，这说明在遭遇严重不利水资源状况时的社会发展紧缩现象。此外，在平水年，2010 和 2030 规划水平年的供水基尼系数和生态环境综合保证率优于 1997 现状年，但在特枯年，2030 规划水平年的生态环境综合保证率比 1997 现状年低。这说明汉江现状水资源总量虽然大于中线调水后（2010 年和 2030 年），但由于水资源的时空不均匀性，致使水资源无法充分利用；中线调水虽然减少了汉江中下游的水资源总量，但因丹江口下泄水量更加均匀，加上兴隆水利枢纽的调节作用和引江济汉工程的补给作用，有利程度大于不利程度。但在特枯年，中线调水由 95 亿 m³ 增加到 130 亿 m³ 后，生态环境综合保证率降低。

思　考　题

1. 水资源优化配置的概念与基本原则是什么？
2. 水资源配置与水库调度的关系是什么？
3. 水资源优化配置的目标是什么？
4. 水资源配置中的约束条件有哪些？
5. 水资源配置包含哪些"水资源"？

参　考　文　献

[1] N. 伯拉斯. 水资源科学分配 [M]. 戴国瑞，冯尚友. 译. 北京：水利电力出版社，1983.

[2] Henderson. J. L, Lord. W. B, A gaming evaluation of Colorado river drought management institutional options [J]. Water Research Bulletin, 1995, 31 (5)：907 - 924.

[3] Vedula. S, Mujundar. P. P, Optimal reservoir operation for irrigation of multiple crops [J]. Water Resources Researches, 1992, 28 (1)：1 - 9.

[4] Vedula. S, Kumar. D. N, An integrated model for optimal reservoir operation for irrigation of multiple crops [J]. Water Resources Researches, 1996, 32 (4)：1101 - 1108.

[5] Vedula. S, Mujumdar. P. P, Chandra. S. G, Conjunctive use modeling for multicrop irrigation [J]. Agricultural Water Management, 2005, 73 (3)：193 - 221.

[6] Ponnambalam. K, Adams. B. J, Stochastic optimization of multireservoir systems using a heuristic algorithm：case study from India [J]. Water Resources Researches, 1996, 32 (3)：733 - 741.

[7] 翁文斌，蔡喜明，史慧斌，等. 宏观经济水资源规划多目标决策分析方法研究及应用 [J]. 水利学报，1995 (2)：1 - 11.

[8] 许新宜，王浩，甘泓，等. 华北地区宏观经济水资源规划理论与方法 [M]. 郑州：黄河水利出版社，1997.

[9] 王忠静，翁文斌，马宏志. 干旱内陆区水资源可持续利用规划方法研究 [J]. 清华大学学报（自然科学版），1998，38 (1)：33 - 36.

[10] 杨志峰，冯彦，王烜，等. 流域水资源可持续利用保障体系 [M]. 北京：化学工业出版社，2003.

[11] 邵东国，贺新春，黄显峰，等. 基于净效益最大的水资源优化配置模型与方法 [J]. 水利学报，2005，36 (9)：1050 - 1056.

[12] 康绍忠，粟晓玲. 干旱区面向生态的水资源合理配置研究进展与关键问题 [J]. 农业工程学报，2005，21 (1)：167 - 173.

[13] 赵丹，邵东国，刘丙军. 灌区水资源优化配置方法及应用 [J]. 农业工程学报，2004，20 (4)：69 - 74.

[14] 阳书敏. 水资源可持续利用复杂性理论与方法研究 [D]. 武汉：武汉大学，2006.

第5章 水资源系统风险分析方法

风险来源于事件的不确定性，而不确定性分为客观的不确定性和主观的不确定性两种。客观的不确定性是指自然现象的不确定性，指水利工程系统所涉及的具有不确定性的水文和气象因素，包括洪水频率分布（年径流量、洪量、洪峰系列）及年内洪水的时间分布、可能最大洪水、降雨-径流关系、暴雨系列频率分布、暴雨时空分布、年降雨量系列频率分布、汛前库水位、水位-库容关系、库区冲淤等不确定因素。主观的不确定性是指人类认识能力和分析方法欠缺产生的不精确性，它们是简化和近似的结果，如水力不确定性，是指影响泄流能力和计算水力荷载时具有不确定性的物理量，这些物理量的不确定性是由于其技术特征值的离散性和模型的简化所造成的，如实际工程中的三维水流简化为一维水流，以及河流糙率的简化选择等；土工不确定性，是指地质构造、土工因素方面的物理量的技术特征值的离散性，包括地质构造、管涌、渗沉、坝基扬压力、沉降、边坡结构等因素；结构和技术的不确定性，是指建筑物结构设计和工程材料中的技术特征值的偏差，包括设计不当、施工材料强度和施工质量偏差；施工管理因素不确定性，是指操作规程、管理行为与工程实际配合过程中出现的不协调现象，包括操作、运行方案的不确定性程度，工程的维护、保养程度、操作不当，管理过程中人为的过失等。

风险研究就是要分析与计算这两种不确定性，并确定出由此产生的非期望事件（灾害事件）发生的概率与损失后果。由此，风险可表示成失事概率与失事后果的函数，即

$$R = f(P_f, D) \tag{5.1}$$

式中：R 为风险；P_f 为失事概率；D 为对应的失事后果。

本章的风险更强调灾害性事件发生的可能性，只用失事概率来表示风险。因此，水资源系统风险定义为系统在规定的工作条件下和规定的时间内，其不能完成预定功能的概率。

水资源系统风险计算的方法依据是构建功能函数，功能函数是描述结构安全和使用功能与基本变量和参数的函数关系，一般情况下，水资源工程存在供水短缺、防洪能力不足等多种失效模式，每一失效模式对应一个功能函数。其分析途径是将动力学意义上（与目标有关）失效模式和物理意义上（与结构有关）的事故模式联系起来。例如，对于供水水库，水库为满足各类用户而供水的情况下，用户的总需水量为广义荷载，而供水库容为广义抗力。对于防洪水库，洪量或洪水位为广义荷载，而防洪库容为广义抗力。事故模式为可能发生的事故类型，用失效模式来描述事故模式，该模式不仅仅指实际工程的毁坏，它包括更宽广的含义，是指工程不能按设计的要求正常工作。例如，防洪水库失效模式包括水库本身失效与下游防护河段失效。水库本身失效模式又分为水文因素导致的失效与构成质量、运用管理不当等因素引发的失效。水文因素导致的防洪水库本身失效模式是指超标准洪水超过水库调洪库容，水库水位出现超高状态，以致一些水工建筑物被淹或冲垮，最

恶劣的情况是溃坝。水库下游防护河段失效是指遇到超标准洪水，河道流量超过安全泄量，以致水位超过控制水位，或漫溢成灾。

5.1　重　现　期　方　法

重现期是指某一随机事件在很长时期内平均多少年出现一次，即平均的重现间隔期。在防洪、排涝工程中研究洪水或暴雨问题时，重现期指在很长时期内，出现事件大于某随机变量的平均时间长度。重现期是指在很长很长时期内平均若干年出现一次，而不是固定的周期。例如百年一遇的洪水，是指大于或等于这样的洪水在很长很长时期（如 10 万年）内平均 100 年出现一次，而不能认为每隔 100 年必然遇上一次，实际上在某具体的 100 年中允许出现几次，允许一次都不出现。以重现期作为工程防洪设计的依据是要承担一定风险的，例如百年一遇的设计洪水意味着工程每年冒超过设计值的风险率为 1%。

在设计水库的大坝、溢洪道等水工建筑物的防洪问题时，要采用一种洪水作为设计标准，符合防洪设计标准的洪水大都是用频率来表示。研究枯水问题时，设计保证率是水利水电工程设计的重要依据，也是用频率表示水电站的设计保证率、灌溉设计保证率与航运保证率等兴利问题的保证程度。由于频率这个名词比较抽象，为便于理解，有时采取重现期这个词，频率与重现期的关系有两种表示法：

（1）当研究暴雨洪水问题时，一般 $P < 50\%$，采用：

$$T = \frac{1}{P}$$

式中：T 为重现期，以年计；P 为频率，以小数或百分数计。

例如，当暴雨或洪水的频率采用 $P = 1\% = 0.01$ 时，代入上式得 $T = 100$ 年，称此暴雨为百年一遇的暴雨或洪水。

（2）当研究枯水问题时，一般 $P > 50\%$，采用：

$$T = \frac{1}{1-P}$$

例如，对于 $P = 80\% = 0.80$ 的枯水流量，将 $P = 0.80$ 代入上式，得 $T = 5$ 年，称此为五年一遇的枯水流量。

水利工程重现期 T 定义为荷载 L 等于或大于特定抗力 R 的平均时间长度。若以年为单位，则工程每年的失事风险为（在一年内 L 等于或大于 R 的概率）：

$$R_a = P\{L \geqslant R\} = 1/T \tag{5.2}$$

失事风险和保证率是互补事件，保证率就是保证安全的可靠程度，由上述的工程年失事风险 R_a，可知工程安全的年保证率为 $1 - R_a$。水利工程的规划和管理运用更关注在今后若干年中或工程的使用期限内工程承担的风险，若工程的使用年限为 n 年，按概率相乘定理，可得 n 年内工程安全的保证率为 $(1 - R_a)^n$，则 n 年内工程承担的风险为

$$P_f = 1 - (1 - R_a)^n = 1 - (1 - 1/T)^n \tag{5.3}$$

【例 5.1】　已知水库入库洪峰流量服从广义极值分布（Generalized Extreme Value Distribution），其分布函数为 $p = P(X \geqslant x_T) = 1 - \exp\left\{-\left[1 - 0.186\left(\frac{x_T - 8799}{3703}\right)\right]^{\frac{1}{0.186}}\right\}$，

试计算：（1）重现期为 100 年一遇、200 年一遇、500 年一遇、1000 年一遇和 10000 年一遇的设计流量值；（2）若水库的使用年限为 100 年，计算其使用期限内水库承担的风险。

解：（1）根据水库入库洪峰流量的分布函数，100 年一遇洪水的频率为 1/100，因此有：

$$\frac{1}{100} = 1 - \exp\left\{-\left[1 - 0.186\left(\frac{x_{100} - 8799.2}{3703.1}\right)\right]^{\frac{1}{0.186}}\right\}$$

得出 100 年一遇洪水的设计流量值为：$x_{100} = 20248 \text{m}^3/\text{s}$

同理，可推出 200 年一遇、500 年一遇、1000 年一遇和 10000 年一遇的设计流量值，见表 5.1。

（2）若水库的使用年限为 100 年，入库洪水为 100 年一遇洪水时，水库使用期限内承担的风险为

$$P_f = 1 - (1 - 1/100)^{100} = 63.36\%$$

同理，可推出入库洪水为 200 年一遇、500 年一遇、1000 年一遇和 10000 年一遇洪水时，水库使用期限内承担的风险值，见表 5.1。

表 5.1　　　　　　　　　　**不同重现期的设计流量值及其风险值**

重现期/年	设计流量/(m³/s)	风险	重现期/年	设计流量/(m³/s)	风险
100	20248	63.36%	1000	23202	9.50%
200	21276	39.38%	10000	25123	0.99%
500	22443	18.11%			

重现期方法假定各年中随机事件相互独立，在计算风险上具有简单易行的优点，但其缺点亦是显然的。首先，重现期 T 是由历史资料的统计与外延推得的，具有统计的意义，因此风险的精度受统计资料长度的限制；其次是该方法只考虑荷载变量的水文因素，而将与荷载和抗力有关的其他不确定性完全忽略了。因此用这种方法估算复杂系统的总风险是不合适的。

5.2　直接积分法

直接积分法又称全概率法，它是通过对荷载和抗力的概率密度函数进行解析和数值积分得到的。设水资源系统结构的极限状态方程仅与广义荷载 L 和广义抗力 R 两个随机变量有关，则根据失效模式确定结构功能函数为

$$Z = g(R, L) = R - L \tag{5.4}$$

功能函数 $g(R, L)$ 反映系统的状态或性能，显然，系统有如下 3 种状态，如图 5.1 所示：

$$\begin{cases} Z = g(R, L) > 0 & \text{安全状态} \\ Z = g(R, L) = 0 & \text{极限状态} \\ Z = g(R, L) < 0 & \text{失效状态} \end{cases} \tag{5.5}$$

当 $Z>0$ 时，结构处于可靠状态，指系统在规定的工作条件下和规定的时间内，其完成预定功能的概率为安全概率，用 P_s 表示。$Z<0$ 时，结构失效，结构不能完成预定的功能，则相应的失效概率，用 P_f 表示。

由概率论可知：

$$P_s + P_f = 1 \qquad (5.6)$$

通常，假设水资源系统结构的广义荷载 L 和广义抗力 R 为两个独立的随机变量，且服从某种分布形式，其平均值和标准差分别为

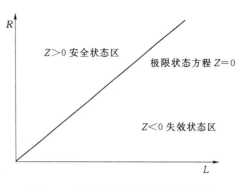

图 5.1　水资源系统功能函数的状态

μ_R、μ_L 和 σ_R、σ_L。随机变量的均值反映随机变量的集中程度；标准差反映随机变量的离散程度。从图 5.2 可以看出，荷载 L 大于抗力 R 的区域，即阴影部分面积为水资源系统结构的失效概率 P_f。

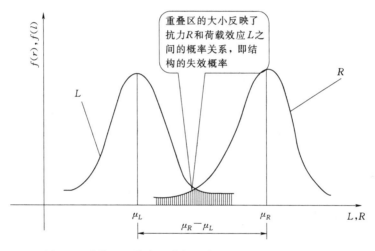

图 5.2　水资源系统广义荷载和广义抗力的概率密度函数

为说明问题的方便起见，设 R 和 L 都服从正态分布，则由式（5.5），功能函数 $Z = R - L$，也是正态随机变量，如图 5.3 所示，其平均值为

$$\mu_Z = \mu_R - \mu_L \qquad (5.7)$$

标准差为

$$\sigma_Z = \sqrt{\sigma_R^2 + \sigma_L^2} \qquad (5.8)$$

概率密度函数为

$$f_Z(z) = \frac{1}{\sqrt{2\pi}\,\sigma_Z} \exp\left[-\frac{1}{2}\left(\frac{z - \mu_Z}{\sigma_Z}\right)^2\right]$$
$$-\infty < z < +\infty \qquad (5.9)$$

根据定义，结构的失效概率 P_f 为

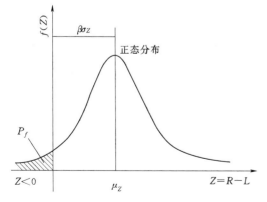

图 5.3　水资源系统功能函数的概率密度函数

$$P_f = P(Z < 0) = \int_{-\infty}^{0} f_Z(z)\mathrm{d}z = \int_{-\infty}^{0} \frac{1}{\sqrt{2\pi}\,\sigma_Z}\exp\left[-\frac{1}{2}\left(\frac{z-\mu_Z}{\sigma_Z}\right)^2\right]\mathrm{d}z \qquad (5.10)$$

现把 Z 的正态分布 $N(\mu_Z, \sigma_Z)$ 转换为标准正态分布 $N(0,1)$。

引入标准化随机变量 $\tau(\mu_\tau = 0, \sigma_\tau = 1)$，令 $\tau = \dfrac{z-\mu_Z}{\sigma_Z}$ 则有 $\mathrm{d}z = \sigma_Z\mathrm{d}\tau$，当 $Z \to -\infty$，$t \to -\infty$；当 $Z=0$，$t = -\dfrac{\mu_Z}{\sigma_Z}$，代入式（5.8）后得

$$P_f = \int_{-\infty}^{-\frac{\mu_Z}{\sigma_Z}} \frac{1}{\sqrt{2\pi}}\exp\left(-\frac{\tau^2}{2}\right)\mathrm{d}\tau = \Phi\left(-\frac{\mu_Z}{\sigma_Z}\right) = 1 - \Phi\left(\frac{\mu_Z}{\sigma_Z}\right) \qquad (5.11)$$

式中：$\Phi(\cdot)$ 为标准正态分布函数值。

现引入符号 β，并令

$$\beta = \frac{\mu_Z}{\sigma_Z} = \frac{\mu_R - \mu_L}{\sqrt{\sigma_R{}^2 + \sigma_L{}^2}} \qquad (5.12)$$

可得到

$$P_f = \Phi(-\beta) \qquad (5.13)$$

式（5.13）表示了结构的失效概率 P_f 与可靠指标 β 之间的关系。β 越大，失效概率 P_f 越小，见表5.2。由于可靠指标 β 增加，结构可靠度也随着增加，因此，β 可以表示结构的可靠程度，并称之为可靠指标，如图5.4所示。

表 5.2 可靠指标 β 与失效概率 P_f 的关系

β	1.0	1.64	2.00	3.00	3.71	4.00	4.50
P_f	5.87×10^{-2}	5.05×10^{-2}	2.27×10^{-2}	1.35×10^{-3}	1.04×10^{-4}	3.17×10^{-5}	3.4×10^{-6}

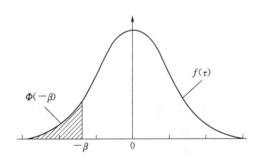

图 5.4　水资源系统功能函数为标准正态分布时的失效概率

以上各式是在假定荷载效应和结构抗力两个随机变量相互独立的条件下得到的。若抗力与荷载是相关情况，由式（5.10）表达的可靠指标取为如下形式：

$$\beta = \frac{\mu_R - \mu_S}{\sqrt{\sigma_R^2 + \sigma_S^2 - 2\rho\sigma_R\sigma_S}} \qquad (5.14)$$

式中：ρ 为抗力与荷载的相关系数。

失效概率的公式［式（5.13）］是在两正态分布变量 R、L 下得到的。如果 R 或 L 非正态分布，但能算出 Z 的均值和标准差 $\overline{Z}$ 和 σ_Z，则由式（5.13）算出的 P_f 值是近似的，不过仍可在工程设计时参考。

【例 5.2】 已知某区域的多年平均可供水量（抗力）R 和多年平均需水量（荷载）L 均服从正态分布，多年平均可供水量（抗力）$R - N(91\,亿\,\mathrm{m}^3, 15^2\,亿\,\mathrm{m}^3)$；$S - N(55\,亿\,\mathrm{m}^3, 11^2\,亿\,\mathrm{m}^3)$。试求该区域供水的可靠指标及其对应的失效概率。

解：由于多年平均可供水量（抗力）R 和多年平均需水量（荷载）L 均服从正态分布，且均值和方差已知。由式（5.12），得该区域供水的可靠指标为

$$\beta = \frac{\mu_Z}{\sigma_Z} = \frac{\mu_R - \mu_L}{\sqrt{\sigma_R^2 + \sigma_L^2}} = \frac{91 - 55}{\sqrt{15^2 + 11^2}} = 1.94$$

由式（5.13）可得该区域供水的失效概率为

$$P_f = \Phi(-1.94) = 2.65\%$$

【例 5.3】　若区域供水工程进行了维修改造，并设该区域多年平均可供水量（抗力）均值不变，同［例 5.2］，只是方差从 15^2 亿 m^3 减小到 9^2 亿 m^3，那么，这时可靠度指标变为

$$\beta = \frac{\mu_Z}{\sigma_Z} = \frac{\mu_R - \mu_S}{\sqrt{\sigma_R^2 + \sigma_S^2}} = \frac{91 - 55}{\sqrt{9^2 + 11^2}} = 2.53$$

相应的失效概率为

$$P_f = \Phi(-2.53) = 0.53\%$$

可见，在相同的需水条件下，由于可供水量的不确定性降低，使缺水风险由 2.65% 下降到 0.53%。由该例题可知，通过降低需水与可供水量的不确定性，减少需水量，增加供水能力，都可以降低缺水风险。

如果 $f_L(l)$、$f_R(r)$ 或 $f_{R,L}(r, l)$ 得到精确表达，那么用直接积分方法估算的风险是最为精确的。但在工程实际中，由于系统的复杂性以及受资料的限制，很难得到 $f_L(l)$、$f_R(r)$ 或 $f_{R,L}(r, l)$ 的解析式，即使有了解析式，求解积分也是相当困难的，这就限制了直接积分法的应用范围，特别是对非线性的变量不同分布的复杂系统，直接积分法尤其显得无能为力。但直接积分法用于处理线性的、变量为同分布且相互独立的简单系统是比较有效的。

5.3　均值一次二阶矩方法

由以上直接积分法的讨论可知，当 R 和 L 均独立服从正态分布时，是很容易求得安全概率或失效概率的。但在实际工程中，所遇到的问题要复杂得多，功能函数可能是非线性函数，抗力 R 和荷载 L 分别是许多基本变量的函数，而大多数基本变量不服从正态分布，当这许多基本变量的概率分布未知，或者已知这些分布，但推求功能函数分布时遇到积分上的困难，因而不能直接计算失效概率 P_f，这时需要研究失效概率的近似计算方法。

当只有足够的资料来确定功能函数的一阶矩和二阶矩时，可以采用均值一次二阶矩方法来求失效概率 P_f。均值一次二阶矩是一种近似的分析法，是一种在随机变量的概率分布尚不清楚的情况下，采用只有均值（即一阶原点矩）和标准差（即二阶中心矩）的数学模型去求解失效概率的方法。均值一次是指将功能函数在随机变量的均值点处按照泰勒级数展开，仅保留至一次项，二阶矩指仅需要用到随机变量的一阶原点矩（即均值）和二阶中心矩（即方差）。

均值一次二阶矩方法的基本原理是：利用泰勒级数，将功能函数在均值处展开，取一次项，略去二次和更高次项，对功能函数进行线性化处理。

设功能函数的基本变量 $x_i(i = 1, 2, \cdots, n)$ 为独立随机变量，其功能函数为

$$Z = g(x_1, x_2, \cdots, x_n) \tag{5.15}$$

将功能函数式（5.15）按均值点 $\mu_{x_i}(i=1,2,\cdots,n)$ 处，展开泰勒级数，取级数的线性项，就有

$$Z \approx g(\mu_{x_1}, \cdots, \mu_{x_n}) + \sum_{i=1}^{n} \frac{\partial g}{\partial x_i}\bigg|_{\mu_{x_i}} (x_i - \mu_{x_i}) \tag{5.16}$$

式中：$\dfrac{\partial g}{\partial x_i}\bigg|_{\mu_{x_i}}$ 为功能函数 g 对随机变量 x_i 求导后，用平均值 $\mu_{x_i}(i=1,2,\cdots,n)$ 代入后的计算值，因此为常数。

由式（5.16）计算功能函数 Z 的近似均值 μ_Z 和标准方差 σ_Z 为

$$\begin{cases} \mu_Z \approx g(\mu_{x_1}, \cdots, \mu_{x_n}) \\ \sigma_Z \approx \left[\sum_{i=1}^{n} \left(\frac{\partial g}{\partial X_i}\bigg|_{\mu_x} \sigma_{x_i} \right)^2 \right]^{\frac{1}{2}} \end{cases} \tag{5.17}$$

然后将 Z 看成是正态分布，则可靠指标 β 为

$$\beta = \frac{\mu_Z}{\sigma_Z} = \frac{g(\mu_{x_1}, \cdots, \mu_{x_n})}{\left[\sum_{i=1}^{n} \left(\frac{\partial g}{\partial X_i}\bigg|_{\mu_x} \sigma_{x_i} \right)^2 \right]^{\frac{1}{2}}} \tag{5.18}$$

从而由式（5.13）计算失效概率 P_f。

图 5.5 示出了 Z 为一般正态分布和变换为标准正态分布后 M 和 P^* 两个点的位置。M 为均值点，由抗力 R 和荷载 L 的基本变量均值确定，位于可靠区；P^* 是称为设计验算点，是与结构最大可能失效概率对应的点，位于失效边界上。

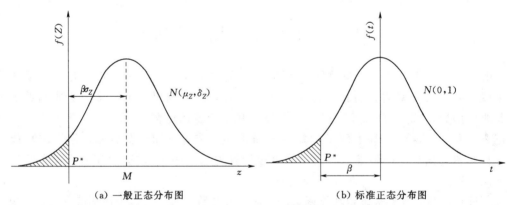

（a）一般正态分布图　　　　　　　（b）标准正态分布图

图 5.5　M 和 P^* 位置图

β 的几何解释如图 5.6 所示，$M(\overline{x_1}, \overline{x_2})$ 为均值点，P^* 是称为设计验算点，该图 β 为均值点 $M(\overline{x_1}, \overline{x_2})$ 到均值一次二阶矩方法的极限状态方程 $g_1(\overline{x_1}, \overline{x_2})=0$ 的垂直距离，即 $\beta = MP^*$；$g_2(x_1, x_2)$ 为真实的极限状态曲面。大于 β 的区域为失效区，小于 β 的区域为安全区。

【例 5.4】　某一防洪区域，布置排洪管道，该区域的洪水通过排洪管道泄洪：（1）分析防洪管道失效的影响因素；（2）分析洪水影响下防洪管道失效的荷载与抗力；（3）已知荷载为防洪区域的洪峰流量 Q_L，$Q_L = \lambda_L iCA$，其中，λ_L 为修正系数，$\mu_{\lambda_L}=1$，$\sigma_{\lambda_L}=0.15$；i 为

设计降雨强度，单位 m/s，$\mu_i=2.2\times10^{-5}$，$\sigma_i=6.67\times10^{-6}$；$C$ 为径流系数，取 0.825；A 为上游集水面积，单位 m²，取 40469m²。抗力为管道过水能力 Q_C，

$Q_C=\lambda_C\dfrac{0.463}{n}d^{8/3}S^{1/2}$，$\lambda_C$ 为修正系数，$\mu_{\lambda C}=1.1$，$\sigma_{\lambda C}=0.121$；n 为曼宁系数，取 0.022，单位为 s/m$^{1/3}$；d 为涵管直径，单位 m，1.524m；S 为涵管坡度，取 0.001。洪峰流量公式的修正系数 λ_L、设

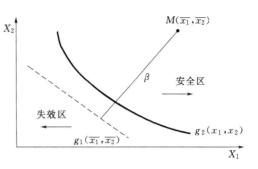

图 5.6 均值一次二阶矩方法的可靠指标 β

计降雨强度 i 与排洪管道过水能力公式的修正系数 λ_C 为统计独立的随机变量。当区域的洪峰流量上游来水大于管道过水能力时，存在防洪风险，试求区域防洪的失效概率。

解：（1）防洪管道失效的影响因素包括地质技术因素、水文因素、管道结构因素以及其他因素等，这些因素又可进一步细分，如地质技术因素引起的排洪管道失效包括地基失效与管道失效；水文因素引起的排洪管道失效主要指洪水，包括降雨引发的洪水、融冰融雪引发的洪水以及其他因素引发的洪水；管道结构因素引起的排洪管道失效主要包括管道设计问题、管道质量问题与超负荷等（图 5.7）。

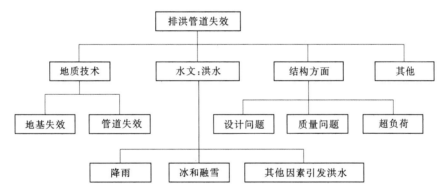

图 5.7 排洪管道失效逻辑树

（2）分析洪水影响下防洪管道失效的荷载与抗力。洪水影响下防洪管道面临的荷载为防洪区域的洪峰流量，某一重现期的洪峰流量取决于洪峰流量计算或洪峰流量实测数据分析。而洪峰流量计算方法按洪水产生的类型分为降雨径流模拟与融冰或融雪计算，其中降雨径流模拟的精度取决于降雨分析、流域特性、模型的构建以及可靠性，而降雨分析的精确度又受到降雨数据的时间步长、降雨空间分布、数据系列的长度及一致性、测量精度与分析方法等要素的影响。洪峰流量实测数据分析得出的某一重现期的洪峰流量受到数据样本的代表性、数据准确性与频率分析方法的影响（图 5.8）。

洪水影响下防洪管道的抗力为排洪管道的承载能力，抗力大小取决于管道特性与抗力计算模型的构建及其可靠性，其中管道特性包括管道铺设的坡度、管道直径与管道过水表面糙率（图 5.9）。

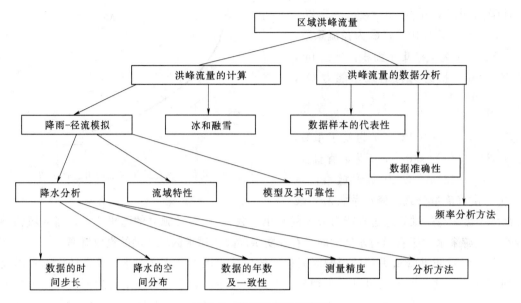

图 5.8 荷载的影响因素图

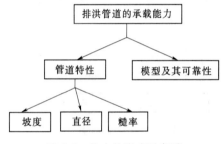

图 5.9 抗力的影响因素图

（3）区域防洪的失效概率计算。区域防洪的功能函数为

$$Z = g(\lambda_c, \lambda_L, i) = \ln\frac{Q_C}{Q_L}$$

$$= \ln\left(\lambda_c \frac{0.463}{n} d^{8/3} S^{1/2}\right) - \ln(\lambda_L i C A)$$

功能函数反映排洪管道的 3 种状态，$Z > 0$，即 $\ln\dfrac{Q_C}{Q_L} > 0$，$Q_C > Q_L$，抗力大于荷载，为安全状态；$Z = 0$，$Q_C = Q_L$，抗力等于荷载，为极限状态；$Z < 0$，$Q_C < Q_L$，抗力小于荷载，为失效状态。

将功能函数按均值点 $\mu_{x_i}(i = 1, 2, \cdots, n)$ 处，展开泰勒级数，取级数的线性项，由式 (5.16) 得线性功能函数：

$$Z \approx g(\mu_{x_1}, \cdots, \mu_{x_n}) + \sum_{i=1}^{n} \frac{\partial g}{\partial x_i}\bigg|_{\mu_{x_i}} (x_i - \mu_{x_i})$$

$$= \ln\left(\lambda_c \frac{0.463}{n} d^{8/3} S^{1/2}\right) - \ln(\lambda_L i C A) + \frac{\partial Z}{\partial \lambda_C}\bigg|_{\mu_{\lambda_C}} (\lambda_C - \mu_{\lambda_C}) + \frac{\partial Z}{\partial \lambda_L}\bigg|_{\mu_{\lambda_L}} (\lambda_L - \mu_{\lambda_L}) + \frac{\partial Z}{\partial i}\bigg|_{\mu_i} (i - \mu_i)$$

因为

$$\frac{\partial Z}{\partial \lambda_C}\bigg|_{\mu_{\lambda_C}} = \frac{1}{\mu_{\lambda_C}} = 0.91, \quad \frac{\partial Z}{\partial \lambda_L}\bigg|_{\mu_{\lambda_L}} = -\frac{1}{\mu_{\lambda_L}} = -1, \quad \frac{\partial Z}{\partial i}\bigg|_{\mu_i} = -\frac{1}{i} = -45455$$

故线性化后的极限状态方程可表示为

$$Z = g(\lambda_c, \lambda_L, i) = 0.91\lambda_c - \lambda_L - 45455i + 2.12 = 0$$

由式（5.17），得功能函数的均值与方差：

$$\mu_Z=0.91\mu_{\lambda_C}-\mu_{\lambda_L}-45455\mu_i+2.12=1.12 \quad \sigma_Z=\sqrt{\left(\frac{\partial Z}{\partial \lambda_C}\bigg|_{\mu_X}\sigma_{\lambda_C}\right)^2+\left(\frac{\partial Z}{\partial \lambda_L}\bigg|_{\mu_L}\sigma_{\lambda_L}\right)^2+\left(\frac{\partial Z}{\partial i}\bigg|_{\mu_i}\sigma_i\right)^2}$$

$$=\sqrt{\left(\frac{1}{1.1}\times0.121\right)^2+\left(\frac{-1}{1}\times0.15\right)^2+\left(-\frac{1}{0.000022}\times0.00000667\right)^2}=0.356$$

将 Z 看成是正态分布，采用式（5.18），得可靠指标 $\beta=\dfrac{\mu_z}{\sigma_z}=3.149$。

所以失效概率　　　　　$P_f=\Phi(-\beta)=\Phi(-3.149)=0.08\%$

【例 5.5】 已知条件同［例 5.4］，功能函数的极限状态方程改为

$$Z=g(\lambda_C,\lambda_L,i)=\lambda_C\frac{0.463}{n}d^{8/3}S^{1/2}-\lambda_L iCA=0$$

试求区域防洪的失效概率。

解：

$$\frac{\partial Z}{\partial \lambda_C}\bigg|_{\mu_{\lambda_C}}=\frac{0.463}{n}d^{8/3}S^{1/2}=2.047,\quad \frac{\partial Z}{\partial \lambda_L}\bigg|_{\mu_{\lambda_L}}=-iCA=-0.735,$$

$$\frac{\partial Z}{\partial i}\bigg|_{\mu_i}=-\lambda_L CA=-33387$$

故线性化后的极限状态方程可表示为

$$Z=g(\lambda_C,\lambda_L,i)\approx2.047\lambda_C-0.735\lambda_L-33387i+0.738=0$$

采用式（5.17），得功能函数的均值与方差：

$$\mu_Z=2.047\mu_{\lambda_C}-0.735\mu_{\lambda_L}-33387\mu_i+0.738=1.517$$

$$\sigma_Z=\sqrt{\left(\frac{\partial Z}{\partial \lambda_C}\bigg|_{\mu_X}\sigma_{\lambda_C}\right)^2+\left(\frac{\partial Z}{\partial \lambda_L}\bigg|_{\mu_L}\sigma_{\lambda_L}\right)^2+\left(\frac{\partial Z}{\partial i}\bigg|_{\mu_i}\sigma_i\right)^2}$$

$$=\sqrt{(2.047\times0.121)^2+(-0.735\times0.15)^2+(-0.33387\times0.00000663)^2}=0.351$$

将 Z 看成是正态分布，采用式（5.18），得可靠指标 $\beta=\dfrac{\mu_z}{\sigma_z}=4.325$。

失效概率　　　　　$P_f=\Phi(-\beta)=\Phi(-4.325)=0.007\%$

由此说明对功能函数 Z 的不同定义形式，其结果是不一致的。

均值一次二阶矩方法概念清楚，计算简便，可导出解析表达式，直接给出可靠指标 β 与随机变量统计参数分布的关系，分析问题方便灵活。当功能函数为线性函数，且基本随机变量为相互独立的正态随机变量时，失效概率的计算结果是精确的。当结构可靠指标 β 较小，即失效概率 P_f 较大时，P_f 值对功能函数中的随机变量的概率分布类型并不十分敏感，采用各种分布对计算结果影响不大，其精度能够满足工程实用的要求。

但其缺点是明显的：

（1）不能考虑随机变量的概率，只能直接取随机变量的一阶矩和二阶矩，分布对功能函数为非解析函数的情况，该方法无能为力。

（2）风险值与功能函数的定义形式有关，若采用不同的功能函数来描述系统结构的同一功能要求，则采用均值一次二阶矩方法可能会得到不同的可靠指标 β 值。即对 Z 的不

同定义形式，其结果是不一致的。

（3）在实际工程中，功能函数一般不为线性，将非线性功能函数在随机变量的均值处展开不合理。由于随机变量的均值不在极限状态曲面上，展开后的线性极限状态平面可能会较大程度地偏离原来的极限状态曲面，如图 5.6 所示，故而其线性部分与真实值误差较大，因此该方法在精度方面尚有不足。

5.4　改进的一次二阶矩方法

针对上述方法在泰勒展开点存在的问题，改进的一次二阶矩方法将泰勒展开点选在位于极限状态曲面上，并具有最大可能失效概率的点上。该方法是将功能函数 $g(\cdot)$ 在失事临界点 $(x_1^*, x_2^*, \cdots, x_n^*)$（亦称设计验算点）展开成泰勒级数，取其线性部分得

$$Z = g(x_1^*, x_2^*, \cdots, x_n^*) + \sum_{i=1}^{n}(x_i - x_i^*)\frac{\partial g}{\partial x_i}\Big|_{x_i^*} \tag{5.19}$$

Z 的均值为

$$\mu_Z = g(x_1^*, x_2^*, \cdots, x_n^*) + \sum_{i=1}^{n}(\mu_{x_i} - x_i^*)\frac{\partial g}{\partial x_i}\Big|_{x_i^*} \tag{5.20}$$

功能函数 Z 的标准方差为

$$\sigma_Z = \left[\sum_{i=1}^{n}\left(\frac{\partial g}{\partial x_i}\Big|_{x^*}\sigma_{x_i}\right)^2\right]^{\frac{1}{2}} \tag{5.21}$$

根据可靠指标 β 的定义，有

$$\beta = \frac{\mu_Z}{\sigma_Z} = \frac{g(x_1^*, x_2^*, \cdots, x_n^*) + \sum_{i=1}^{n}(\mu_{x_i} - x_i^*)\frac{\partial g}{\partial x_i}\Big|_{x_i^*}}{\left[\sum_{i=1}^{n}\left(\frac{\partial g}{\partial x_i}\Big|_{x^*}\sigma_{x_i}\right)^2\right]^{\frac{1}{2}}} \tag{5.22}$$

由于 x_i^* 位于极限状态曲面上，即有 $g(x_1^*, x_2^*, \cdots, x_n^*) = 0$，于是均值式（5.20）变为

$$\mu_Z = \sum_{i=1}^{n}(\mu_{x_i} - x_i^*)\frac{\partial g}{\partial x_i}\Big|_{x_i^*} \tag{5.23}$$

则可靠指标 β 为

$$\beta = \frac{\mu_Z}{\sigma_Z} = \frac{\sum_{i=1}^{n}(\mu_{x_i} - x_i^*)\frac{\partial g}{\partial x_i}\Big|_{x_i^*}}{\left[\sum_{i=1}^{n}\left(\frac{\partial g}{\partial x_i}\Big|_{x^*}\sigma_{x_i}\right)^2\right]^{\frac{1}{2}}} \tag{5.24}$$

在采用式（5.24）求解可靠指标 β 时，由于设计验算点 x_i^*（$i=1,2,\cdots,n$）的数值未知，故只能采用迭代法计算可靠指标 β。在迭代求解过程中，由于 x_i^*（$i=1,2,\cdots,n$）为假设值，故不能满足 $g(x_1^*, x_2^*, \cdots, x_n^*) = 0$ 的要求，因此，在迭代求解过程中按式（5.22）计算可靠指标 β。

设

$$\lambda_i = \frac{\dfrac{\partial g}{\partial x_i}\Big|_{x_i^*}\sigma_{x_i}}{\left[\displaystyle\sum_{i=1}^{n}\left(\dfrac{\partial g}{\partial x_i}\Big|_{x^*}\sigma_{x_i}\right)^2\right]^{\frac{1}{2}}} \tag{5.25}$$

λ_i 称为灵敏系数，表示第 i 个随机变量对整个标准差的相对影响。由式（5.24）可靠指标 β 的定义，可知：

$$\beta = \frac{\mu_Z}{\sigma_Z} = \frac{\displaystyle\sum_{i=1}^{n}(\mu_{x_i}-x_i^*)\dfrac{\partial g}{\partial x_i}\Big|_{x_i^*}}{\displaystyle\sum_{i=1}^{n}\lambda_i\sigma_{x_i}\dfrac{\partial g}{\partial x_i}\Big|_{x_i^*}} \tag{5.26}$$

对上式加以整理可得

$$\sum_{i=1}^{n}\frac{\partial g}{\partial x_i}\Big|_{x_i^*}(\mu_{x_i}-x_i^*-\beta\alpha_i\sigma_{x_i})=0 \tag{5.27}$$

由此可解出设计验算点：

$$x_i^* = \mu_{x_i}-\lambda_i\beta\sigma_{x_i}\quad i=1,2,\cdots,n \tag{5.28}$$

采用迭代法计算可靠指标 β 的步骤如下：

（1）假定初始设计验算点 x_i^*，一般选取均值点，即 $x_i^*=\mu_{x_i}$。

（2）由式（5.22）计算 β。

（3）由式（5.25）计算灵敏系数 λ_i。

（4）由式（5.28）计算设计验算点 x_i^*。

（5）以步骤（4）求出的新的设计验算点代替步骤（1）的旧设计验算点，重复步骤（2）～（4），前后两次算出的 β 之差小于允许误差。在实际计算中，β 的误差一般要求在 ±0.01 之内。

（6）检验 $g(x_1^*,x_2^*,\cdots,x_n^*)\approx0$ 的条件是否满足。

（7）最后由 $p_f=\Phi(-\beta)$ 计算失效概率。

图 5.10 为均值一次二阶矩方法与改进的一次二阶矩方法的差别，P_2^* 为改进一次二阶矩方法的失效点（即设计验算点），$g_2(x_1,x_2)$ 为真实的极限状态曲面；$g_2(x_1^*,x_2^*)$

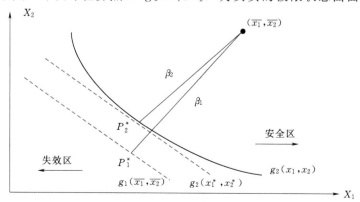

图 5.10　均值一次二阶矩方法与改进的一次二阶矩方法的可靠指标比较

为改进一次二阶矩方法的极限状态方程；P_1^* 为均值一次二阶矩方法的失效点，$g_1(\overline{x_1}, \overline{x_2})$ 为均值一次二阶矩方法的极限状态方程，β_2 和 β_1 分别为改进一次二阶矩方法与均值一次二阶矩方法的可靠指标。可见改进的一次二阶矩方法所求得的失效点更接近真实的失效点。

【例 5.6】 已知条件同 ［例 5.4］，功能函数为

$$Z=g(\lambda_C,\lambda_L,i)=\ln\frac{Q_C}{Q_L}=\ln\left(\lambda_C\,\frac{0.463}{n}d^{8/3}S^{1/2}\right)-\ln(\lambda_L iCA)$$

λ_C、λ_L 和 i 都是随机变量，试用改进的一次二阶矩法求区域防洪的失效概率。

解： (1) 第一批新设计验算点计算。

步骤 1：假定初始设计验算点 $x_i^*=\mu_{x_i}$，即 $\lambda_L^*=1$，$i^*=2.2\times10^{-5}$，$\lambda_C^*=1.1$。

步骤 2：计算此时的 β 值。

$$\beta_0=\frac{\mu_Z}{\sigma_Z}=\frac{g(x_1^*,x_2^*,\cdots,x_n^*)+\sum\limits_{i=1}^{n}(\mu_{x_i}-x_i^*)\dfrac{\partial g}{\partial x_i}\Big|_{x_i^*}}{\left[\sum\limits_{i=1}^{n}\left(\dfrac{\partial g}{\partial x_i}\Big|_{x^*}\sigma_{x_i}\right)^2\right]^{\frac{1}{2}}}$$

$$=\frac{\ln(1.1\times\frac{0.463}{0.022}\times1.524^{8/3}\times0.001^{1/2})-\ln(1\times0.000022\times0.825\times40469)+0}{\left[(-1\times0.15)^2+\left(-\dfrac{1}{0.000022}\times0.00000667\right)^2+\left(\dfrac{1}{1.1}\times0.121\right)^2\right]^{\frac{1}{2}}}$$

$=3.149$

步骤 3：计算灵敏度系数 λ_i。

$$\lambda_i=\frac{\dfrac{\partial g}{\partial x_i}\Big|_{x_i^*}\sigma_{x_i}}{\left[\sum\limits_{i=1}^{n}\left(\dfrac{\partial g}{\partial x_i}\Big|_{x^*}\sigma_{x_i}\right)^2\right]^{\frac{1}{2}}}$$

$$\lambda_{\lambda_L}=\frac{-1\times0.15}{\left[(-1\times0.15)^2+\left(-\dfrac{1}{0.000022}\times0.00000667\right)^2+\left(\dfrac{1}{1.1}\times0.121\right)^2\right]^{\frac{1}{2}}}=-0.422$$

$$\lambda_i=\frac{-\dfrac{1}{0.000022}\times0.00000667}{\left[(-1\times0.15)^2+\left(-\dfrac{1}{0.000022}\times0.00000667\right)^2+\left(\dfrac{1}{1.1}\times0.121\right)^2\right]^{\frac{1}{2}}}=-0.852$$

$$\lambda_{\lambda_C}=\frac{\dfrac{1}{1.1}\times0.121}{\left[(-1\times0.15)^2+\left(-\dfrac{1}{0.000022}\times0.00000667\right)^2+\left(\dfrac{1}{1.1}\times0.121\right)^2\right]^{\frac{1}{2}}}=0.309$$

步骤 4：计算新的设计验算点。

$$x_i^*=\mu_{x_i}-\lambda_i\beta\sigma_{x_i},\quad i=1,2,\cdots,n$$

$$\lambda_L^*=1+0.422\times3.149\times0.15=1.199$$

$$i^* = 0.000022 + 0.852 \times 3.149 \times 0.0000043 = 0.0000399$$

$$\lambda_C^* = 1.1 - 0.309 \times 3.149 \times 0.121 = 0.982$$

（2）第二批新设计验算点计算。将上所得的第一批新设计验算点代替步骤 1 的旧设计验算点，重复步骤 1～步骤 2，如下：

步骤 1：假定初始设计验算点 $x_i^* = \mu_{x_i}$，即 $\lambda_L^* = 1.199$，$i = 0.0000399$，$\lambda_C^* = 0.982$。

步骤 2：计算此时的 β 值。

$$\beta_1 = \frac{\mu_Z}{\sigma_Z} = \frac{g(x_1^*, x_2^*, \cdots, x_n^*) + \sum_{i=1}^{n} (\mu_{x_i} - x_i^*) \frac{\partial g}{\partial x_i}\Big|_{x_i^*}}{\left[\sum_{i=1}^{n} \left(\frac{\partial g}{\partial x_i}\Big|_{x^*} \sigma_{x_i}\right)^2\right]^{\frac{1}{2}}}$$

$$= \ln\left(0.982 \times \frac{0.463}{0.022} \times 1.524^{8/3} \times 0.001^{1/2}\right) - \ln(1.199 \times 0.982 \times 0.000035 \times 40469)$$

$$+ \left[(1 - 1.199) \times \frac{-1}{1.199} + (0.000022 - 0.0000399) \times \frac{-1}{0.0000399} + (1.1 - 0.982)\right.$$

$$\left. \times \frac{1}{0.982}\right] \bigg/ \left[\left(-\frac{1}{1.199} \times 0.15\right)^2 + \left(-\frac{1}{0.0000399} \times 0.00000667\right)^2 + \left(\frac{1}{0.982} \times 0.121\right)^2\right]^{1/2}$$

$$= 3.979$$

此时 $|\beta_1 - \beta_0| = |3.979 - 3.149| = 0.83$，在实际计算中，迭代后的误差的绝对值一般要求在 0.01 之内。显然不满足，所以继续进行步骤 3。

步骤 3：计算灵敏度系数 λ_i。

$$\lambda_i = \frac{\frac{\partial g}{\partial x_i}\Big|_{x_i^*} \sigma_{x_i}}{\left[\sum_{i=1}^{n} \left(\frac{\partial g}{\partial x_i}\Big|_{x^*} \sigma_{x_i}\right)^2\right]^{\frac{1}{2}}}$$

$$\lambda_{\lambda_L} = \frac{-\frac{1}{1.199} \times 0.15}{\left[\left(-\frac{1}{1.199} \times 0.15\right)^2 + \left(-\frac{1}{0.0000403} \times 0.00000667\right)^2 + \left(\frac{1}{0.982} \times 0.121\right)^2\right]^{\frac{1}{2}}} = -0.516$$

$$\lambda_i = \frac{-\frac{1}{0.0000399} \times 0.00000667}{\left[\left(-\frac{1}{1.199} \times 0.15\right)^2 + \left(-\frac{1}{0.0000403} \times 0.00000667\right)^2 + \left(\frac{1}{0.982} \times 0.121\right)^2\right]^{\frac{1}{2}}} = -0.690$$

$$\lambda_{\lambda_C} = \frac{\frac{1}{0.982} \times 0.121}{\left[\left(-\frac{1}{1.199} \times 0.15\right)^2 + \left(-\frac{1}{0.0000403} \times 0.00000667\right)^2 + \left(\frac{1}{0.982} \times 0.121\right)^2\right]^{\frac{1}{2}}} = 0.508$$

步骤 4：算出第二批设计验算点。

$$x_i^* = \mu_{x_i} - \lambda_i \beta \sigma_{x_i}, \quad i = 1, 2, \cdots, n$$

$$\lambda_L^* = 1 + 0.516 \times 3.979 \times 0.15 = 1.308$$

$$i^* = 0.000022 + 0.690 \times 3.979 \times 0.0000667 = 0.0000403$$

$$\lambda_C^* = 1.1 - 0.508 \times 3.979 \times 0.121 = 0.855$$

（3）第三批新设计验算点计算。将上所得的第二批设计验算点重复步骤 1～步骤 4，如下：

步骤 1：假定初始设计验算点 $x_i^* = \mu_{x_i}$，即 $\lambda_L^* = 1.308$，$i^* = 0.0000403$，$\lambda_C^* = 0.855$。

步骤 2：计算此时的 β 值。

$$\beta_2 = \frac{\mu_Z}{\sigma_Z} = \frac{g(x_1^*, x_2^*, \cdots, x_n^*) + \sum_{i=1}^{n}(\mu_{x_i} - x_i^*)\frac{\partial g}{\partial x_i}\Big|_{x_i^*}}{\left[\sum_{i=1}^{n}\left(\frac{\partial g}{\partial x_i}\Big|_{x^*}\sigma_{x_i}\right)^2\right]^{\frac{1}{2}}}$$

$$\beta_2 = \frac{\mu_Z}{\sigma_Z} = \ln\left(0.855 \times \frac{0.463}{0.022} \times 1.524^{8/3} \times 0.001^{1/2}\right) - \ln(1.308 \times 0.825 \times 0.0000403 \times 40469)$$

$$+ \left[(1 - 1.308) \times \frac{-1}{1.308} + (0.000022 - 0.0000403) \times \frac{-1}{0.0000403} + (0.855 - 1.1)\right.$$

$$\left.\times \frac{1}{0.855}\right] / \left[\left(\frac{-1}{1.308} \times 0.15\right)^2 + \left(-\frac{1}{0.0000403} \times 0.00000667\right)^2 + \left(\frac{1}{0.855} \times 0.121\right)^2\right]^{\frac{1}{2}}$$

$$= 3.944$$

此时，迭代误差 $|\beta_2 - \beta_1| = |3.944 - 3.979| = 0.035 > 0.01$，继续进行步骤 3。

步骤 3：灵敏度系数 λ_i。

$$\lambda_i = \frac{\frac{\partial g}{\partial x_i}\Big|_{x_i^*}\sigma_{x_i}}{\left[\sum_{i=1}^{n}\left(\frac{\partial g}{\partial x_i}\Big|_{x^*}\sigma_{x_i}\right)^2\right]^{\frac{1}{2}}}$$

$$\lambda_{\lambda_L} = \frac{-\frac{1}{1.308} \times 0.15}{\left[\left(-\frac{1}{1.308} \times 0.15\right)^2 + \left(-\frac{1}{0.0000403} \times 0.00000667\right)^2 + \left(\frac{1}{0.855} \times 0.121\right)^2\right]^{\frac{1}{2}}} = -0.466$$

$$\lambda_i = \frac{-\frac{1}{0.0000403} \times 0.00000667}{\left[\left(-\frac{1}{1.308} \times 0.15\right)^2 + \left(-\frac{1}{0.0000403} \times 0.00000667\right)^2 + \left(\frac{1}{0.855} \times 0.121\right)^2\right]^{\frac{1}{2}}} = -0.673$$

$$\lambda_{\lambda_C} = \frac{\frac{1}{0.855} \times 0.121}{\left[\left(-\frac{1}{1.308} \times 0.15\right)^2 + \left(-\frac{1}{0.0000403} \times 0.00000667\right)^2 + \left(\frac{1}{0.855} \times 0.121\right)^2\right]^{\frac{1}{2}}} = 0.575$$

步骤 4：算出第三批设计验算点。

$$x_i^* = \mu_{x_i} - \lambda_i \beta \sigma_{x_i}, \quad i = 1, 2, \cdots, n$$

$$\lambda_L^* = 1 + 0.466 \times 3.944 \times 0.15 = 1.276$$

$$i^* = 0.000022 + 0.673 \times 3.944 \times 0.00000667 = 0.0000397$$

$$\lambda_C^* = 1.1 - 0.575 \times 3.944 \times 0.121 = 0.826$$

将上所得的第三批设计验算点重复步骤 1~步骤 4，如下：

步骤 1：假定初始设计验算点 $x_i^* = \mu_{x_i}$，即 $\lambda_L = 1.276$，$i^* = 0.0000397$，$\lambda_C^* = 0.826$。

步骤 2：计算此时的 β 值。

$$\beta_3 = \frac{\mu_Z}{\sigma_Z} = \frac{g(x_1^*, x_2^*, \cdots, x_n^*) + \sum_{i=1}^{n}(\mu_{x_i} - x_i^*)\frac{\partial g}{\partial x_i}\big|_{x_i^*}}{\left[\sum_{i=1}^{n}\left(\frac{\partial g}{\partial x_i}\big|_{x^*}\sigma_{x_i}\right)^2\right]^{\frac{1}{2}}}$$

$$\beta_3 = \frac{\mu_Z}{\sigma_Z} = \ln\left(0.826 \times \frac{0.463}{0.022} \times 1.524^{8/3} \times 0.001^{1/2}\right) - \ln(1.276 \times 0.0000397 \times 0.825$$

$$\times 40469) + \left[(1 - 1.276) \times \frac{-1}{1.276} + (0.000022 - 0.0000397) \times \frac{-1}{0.0000397}\right.$$

$$\left. + (1.1 - 0.826) \times \frac{1}{0.826}\right] \bigg/ \left[\left(-\frac{1}{1.276} \times 0.15\right)^2 + \left(-\frac{1}{0.0000397} \times 0.00000667\right)^2\right.$$

$$\left. + \left(\frac{1}{0.826} \times 0.121\right)^2\right]^{\frac{1}{2}} = 3.943$$

此时 $|\beta_3 - \beta_2| = |3.943 - 3.944| = 0.001 < 0.01$，迭代停止。

为确保最终得到的设计验算点满足极限状态方程，进行检验，代入第三批设计验算点：

$$Z = g(\lambda_C, \lambda_L, i) = \ln(\lambda_C \frac{0.463}{n} d^{8/3} S^{1/2}) - \ln(\lambda_L i C A)$$

$$= \ln(0.826 \times \frac{0.463}{0.022} \times 1.524^{8/3} \times 0.001^{1/2}) - \ln(1.276 \times 0.0004 \times 0.825 \times 40469)$$

$$= -0.0002 \approx 0$$

满足极限状态方程临界条件。

所以最终可靠指标　　　　　　　　$\beta = \beta_3 = 3.943$

失效概率　　　　　　　　$P_f = \Phi(-\beta) = \Phi(-3.943) = 0.0041\%$

设计验算点 λ_L、i、λ_C 以及可靠指标 β 的迭代计算过程见表 5.3，迭代次数 0 表示初始假设值。

表 5.3　　　　　　　设计验算点 λ_L、i、λ_C 以及可靠指标 β 的迭代计算过程

迭代数	λ_L	i	λ_C	β
0	1	0.000022	1.1	3.149
1	1.199	0.0000399	0.982	3.979
2	1.308	0.0000403	0.855	3.944
3	1.276	0.0000397	0.826	3.943

最后，得到区域防洪的可靠指标为：$\beta = 3.943$，比较 [例 5.4] 求出的 $\beta = 3.149$，显然，改进的一次二阶矩方法求得的可靠指标大于均值一次二阶矩方法求得的可靠指标，由

此可知均值一次二阶矩方法的缺点显而易见。

改进的一次二阶矩法由于是将功能函数 $g(\cdot)$ 在失事临界点展开，截断误差小，故比均值一次二阶矩法的精度要高。当 Z 为正态分布时，其计算结果是较为理想的。

5.5 蒙特卡洛方法

对于功能函数 $Z = g(x_1, x_2, \cdots, x_n)$，其失效概率为

$$P_f = P(Z < 0) = \int_{\langle Z < 0 \rangle} \cdots \int f_{X_1}(x_1) \cdots f_{X_n}(x_n) \mathrm{d}x_1 \cdots \mathrm{d}x_n \tag{5.29}$$

式中：$f_{X_i}(x_i)$ 为基本变量 $x_i (i = 1, 2, \cdots, n)$ 对应的概率密度函数。

对于复杂的非线性结构失效概率的计算，式（5.29）通常难以求出解析解，因此，需要一种通过统计试验求得数值解的计算方法。

蒙特卡洛方法就是使用随机数进行统计试验的计算方法。蒙特卡洛方法以欧洲城邦国家摩纳哥的世界闻名赌城蒙特卡洛（Monte Carlo）命名，用赌城名象征性地表明这一方法的概率统计特征。蒙特卡洛方法属于试验数学，它利用随机数进行统计试验，以求得均值与概率等统计特征值作为待解问题的数值解。该方法的主要思路是：按照概率定义，某事件的概率可能用大量试验中该事件发生的概率估算。因此，先对基本随机变量的分布函数 $F_{X_i}(x_i)$ 进行 N 次随机抽样，获得各变量的随机数 $x_i^j (j = 1, \cdots, N)$，然后把这些抽样值代入功能函数式，得 N 个 Z_j 值 $(j = 1, \cdots, N)$，统计 $Z_j < 0$ 的失效次数 N_f，并算出失效次数与总抽样次数的比值，此值即为所求的风险值。

引入指示函数 $I[Z]$，其定义为

$$I[Z] = \begin{cases} 0, & Z \geqslant 0 \\ 1, & Z < 0 \end{cases} \tag{5.30}$$

则失效次数 N_f 为

$$N_f = \sum_{i=1}^{N} I[Z] \tag{5.31}$$

按照蒙特卡洛方法的思想，对基本随机变量的概率密度函数进行抽样，将多次落入失效区域 $Z < 0$ 的次数 N_f 与总抽样数 N 之比作为失效概率 P_f 的无偏估计 $\hat{P}_f$，即

$$\hat{P}_f = \frac{N_f}{N} \tag{5.32}$$

估计量 $\hat{P}_f$ 的均值和方差分别为

$$E(\hat{P}_f) = P_f \tag{5.33}$$

$$D(\hat{P}_f) = \frac{P_f(1 - P_f)}{N} \tag{5.34}$$

失效概率 P_f 的估计量 $\hat{P}_f$ 是个统计量，为随机变量，它以一定的概率趋近于真值 P_f。样本容量 N 越大就越能精确地估计真值 P_f，使偏差 $|\hat{P}_f - P_f|$ 小的概率越来越大，这一性质称为一致性。一致性是所有估计都应该满足的，它是衡量一个估计量是否可行的

必要条件。根据中心极限定理，当样本容量 N 足够多时，估计量的抽样分布近似服从正态分布。因此，当样本容量 N 足够大时，利用一致性定义与中心极限定理，就有如下近似等式：

$$P\left\{\left|\frac{\hat{P}_f - E(\hat{P}_f)}{\sqrt{D(\hat{P}_f)}}\right| \leqslant u_{\frac{\alpha}{2}}\right\} = 1 - \alpha \tag{5.35}$$

式中：α 为显著水平；$1-\alpha$ 为置信概率或置信度；$u_{\frac{\alpha}{2}}$ 为标准正态分布的双侧 $\alpha/2$ 分位点。

上式的含义是真值 P_f 被随机的置信区间所包含的概率是 $1-\alpha$。

取 $1-\alpha$ 的置信度以保证蒙特卡洛算法的抽样精度，可得

$$|\hat{P}_f - P_f| \leqslant u_{\frac{\alpha}{2}}\sqrt{D(\hat{P}_f)} = u_{\frac{\alpha}{2}}\sqrt{\frac{\hat{P}_f(1-\hat{P}_f)}{N}} \tag{5.36}$$

若采用相对误差 $\varepsilon = \dfrac{|\hat{P}_f - P_f|}{\hat{P}_f}$，则有

$$N = \frac{u_{\frac{\alpha}{2}}^2(1-\hat{P}_f)}{\varepsilon^2 \hat{P}_f} \tag{5.37}$$

由上式可知，影响样本容量 N 的因素的有 3 个：置信度 $1-\alpha$、相对误差 ε 和预先的失效概率 P_f。如：置信度 $1-\alpha$ 的要求越高，所需的样本容量 N 越大；相对误差要求越小，所需的样本容量 N 越大。

考虑到 $\hat{P}_f$ 为一小量，取 $\varepsilon = 0.2$，取 95% 的置信度，则有

$$N = \frac{100}{\hat{P}_f} \tag{5.38}$$

显然，抽样数 N 与 $\hat{P}_f$ 成反比。若 $\hat{P}_f = 10^{-4}$，则 $N = 10^6$ 才能保证用 $\hat{P}_f$ 估计 P_f 的精度。

蒙特卡洛法计算工作量一般很大，整个工作最好通过编写程序由计算机完成。蒙特卡洛方法的优点是精度高，尤其对非线性系统，该方法更为有效，但也存在不足之处：

(1) 计算结果的不唯一性。由于该方法的计算结果依赖于样本容量和抽样次数，且对基本变量分布的假定很敏感，因此用蒙特卡洛方法计算的失事概率值将随模拟次数相对基本变量的分布假定而变化，即其结果表现出不唯一性。

(2) 蒙特卡洛方法所用机时较多。计算精度要求越高，变量个数越多，所用机时越多，费用就越大。

思 考 题

1. 什么是风险？其来源是什么？

2. 什么是重现期方法，其有什么特点？

3. 如何构建功能函数？功能函数有几种状态？

4. 均值一次二阶矩方法的基本原理是什么？说明其推导过程。

5. 改进的一次二阶矩方法与均值一次二阶矩方法的主要区别是什么？影响验算点法

迭代收敛速度的因素是什么？

6. 采用蒙特卡洛法进行结构的可靠度计算的基本理论是什么？由此说明在一定的条件下，可以通过增加抽样次数来提高结构失效概率的精度。

7. 影响蒙特卡洛样本容量的主要因素有哪些？

8. 蒙特卡洛方法中，对给定的样本容量，如何确定估计值的精度？对给定的估计精度要求，如何确定必要的样本容量？

参 考 文 献

[1] 程根伟，黄振平. 水文风险分析的理论与方法 [M]. 北京：科学出版社，2010.

[2] 高谦，吴顺川，万林海，等. 土木工程可靠性理论及其应用 [M]. 北京：中国建材工业出版社，2007.

[3] 郝圣旺，董建军，高柏峰，等. 工程荷载与可靠度设计原理 [M]. 北京：冶金工业出版社，2012.

[4] 麻荣永. 土石坝风险分析方法及应用 [M]. 北京：科学出版社，2004.

[5] 肖刚，李天柁. 系统可靠性分析中的蒙特卡罗方法 [M]. 北京：科学出版社，2003.

第6章 水资源系统复杂性理论

6.1 概　　述

6.1.1 复杂性的提出与发展

复杂性理论是研究具有复杂行为系统的科学，水资源系统的复杂性决定了水资源可持续利用可采用复杂性理论和方法进行研究。

长期以来，自然科学一直围绕着可逆性与不可逆性、确定性与随机性、无序与有序等基本问题进行着探索，人类对自然的认识也随之经历着一个由简单性向复杂性的根本转变。复杂系统理论是钱学森教授等发起研究的系统科学新领域，其主要特点是系统由大量的子系统组成且其间关系错综复杂，涉及大量相互冲突的定性和定量目标，往往具有动态特性。田玉楚（1995）等在总结前人研究的基础上，指出可以从内部结构、外部行为以及与环境的关系等多方面来认识和理解复杂性，从而将系统复杂性归结为结构复杂性、动态特性复杂性以及环境不确定复杂性。魏一鸣（1998）等认为任何事物或现象的复杂性，可以从系统论的观点出发，归纳出两种意义上的复杂性，即存在意义上的复杂性和演化意义上的复杂性。所谓事物或现象存在意义上的复杂性，是指其组成系统具有多层次结构、多重时间标度、多种控制参量和多样的作用过程；演化意义上的复杂性是指当一个开放系统远离平衡态时，不可逆过程的非线性动力学机制所演化出的多样化"自组织"现象。Auyang. S. Y（欧阳莹之，2000）详细研究了大组合多体系统（Large Composite Systems）的复杂性，广泛使用确定性动力学、概率演算、随机过程等数学理论建立了大量复杂的概念结构和理论模型，并着重阐述了模型背后的预设或假设条件。许国志（2000）等系统总结了复杂性的45种科学定义，认为复杂性是一类系统属性，建立在多样性和差异性之上，复杂性研究判别的标准是方法论上是否有实质性的转变，并提出了"把复杂系统当做整体性、复杂性处理"的方法论原则。

自从20世纪70年代以来，以突变理论（Catastrophe）、耗散结构理论（Dissipative Structure）、协同理论（Synergetics）、分形理论（Fracta Theory）、混沌理论（Chaos）等为代表的新兴系统科学，和复杂适应系统理论（Complex Adaptive System，CAS）、复杂性智能优化方法（Complex Intellective Optimizer）展现出前所未有的发展势头，逐步体现出自身的优势，已经成为复杂性应用分析的重要工具。郭建（2004）、金鸿章（2005）等应用突变理论建立了复杂系统的脆性理论体系。畅建霞（2002）等认为水资源系统是一耗散结构，以水资源量作为序参量描述水资源系统的有序性和演化方向，建立了基于灰关联熵的水资源系统演化方向的判别模型。陈守煜（2002）等将模糊识别集合算子和非结构决策分析方法引入模糊动态规划中，推导出级别特征值最小法和阶段模糊识别递推法用于求解复杂系统多目标多阶段决策问题。刘丙军、邵东国（2005）等提出作物需水系统的一系列复杂性特征，包括时空尺度特征的分形理论方法、作物需水时空异质性信息熵模式、多时间尺度特征识别模式、周期性、非线性等。赵建世（2003）等引入复杂适应系统理论，研究了水资源系统演化和作用机制的理论和建模方法，建立了流域水资源配置整体框架模型。谢涛（2003）、周育人（2004）等研究了演化算法的收敛特性、改进原理和多目标演化算法的实现机制，并介绍了多目标演化算法在自然科学中的应用前景。

可以看出，复杂性理论与方法的研究已经取得了大量成果，但也正是复杂系统的广泛存在性，以及复杂性理论与方法的多种多样，导致复杂系统概念多样化，尚未形成统一认识。在处理复杂系统的方法上，一方面将传统的基于模型的微观分析方法向纵深发展，另一方面又出现了许多特殊的宏观定性处理方法，但前者在处理一般的复杂系统时困难重重，后者又缺乏统一描述和基本理论框架。后续研究需要建立更为完善的复杂性理论体系，在方法论上寻找更加符合实际问题的途径，以度量系统在微观层次和宏观层次上的演化机理及其耦合机制。

复杂性是水资源系统的重要特征。水资源系统的复杂性决定了水资源可持续利用必须采用复杂性理论和方法进行分析研究。

6.1.2 复杂性的基本概念

1. 复杂性（Complexity）的基本概念

（1）目前，关于复杂性的概念尚没有统一的说法。

（2）因为复杂性涉及面广泛，美国国会图书馆 1975—1999 年 2 月 15 日的入藏书目中标题里含复杂性（Complexity）一词的就有 489 种。其中涉及算法复杂性、计算复杂性、生物复杂性、生态复杂性、演化复杂性、发育复杂性、语法复杂性，乃至经济复杂性、社会复杂性，凡此种种，不一而足。

（3）需要说明的是，社会科学领域中相当多数量的"复杂性"指的是混乱、杂多、反复等意思，而并非科学研究领域中与混沌、分形和非线性相关联的"复杂性"。

（4）总之，由于复杂性概念在不同的学科领域，研究对象和采用的分析方法不同，因而对复杂性概念的定义也不相同。所以，到目前为止，对复杂性还没有一个严格定义。

2. 与复杂性相关的几个概念及其相互关系

（1）随机性：随机现象是系统内涵不确定而外延确定的表象。近年复杂性研究的一条重要成果是：随机性并不复杂（虽然也有人说随机性是最大的复杂性），历史上不少复杂性的定义其实针对的是随机性，复杂性介于随机和有序之间，是随机背景上无规则地组合起来的某种结构和序。

有文献证明，一个同时包含混沌与随机现象的系统，随着时间的演化，对系统起支配作用的将是非线性机制，而非随机因素。

（2）模糊性：模糊现象是系统内涵确定而外延不确定的表象，可以运用模糊数学的方法减少外延的不确定性。显然，这与复杂性科学的研究有本质区别。

（3）简单性和复杂性。简单性一向是现代自然科学、特别是物理学的一条指导原则。许多科学家相信自然界的基本规律是简单的。爱因斯坦曾是这种观点的突出代表者。虽然复杂现象比比皆是，但人们还是努力要把它们还原成更简单的组分或过程。的确不少复杂的事物或现象背后存在简单的规律或过程，但是另一方面也存在大量的事物和现象不能用简单的还原论方法进行处理。

另外，客观地定义和量度复杂性，与人们对自然界描述体系的复杂性是两回事。这很像是"美"和"美感"的关系。前者应有客观定义，而后者涉及接受者的主观条件。

6.1.3　复杂系统

1. 复杂系统及其基本特征

目前关于复杂系统的定义也不统一，至少有 30 多种，代表性的有如下一些：

（1）复杂系统就是混沌系统（混沌学派）。

（2）具有自适应能力的演化系统（Santa Fe）。

（3）包含多个行为主体（Agent）具有层次结构的系统。

（4）包含反馈环的系统（Stacey）。

（5）不能用传统理论与方法解释其行为的系统（John Warfield）。

（6）动态非线性系统。

（7）客观事物某种运动或性态跨越层次后整合的不可还原的新性态和相互关系（本体论的复杂性定义）。本体论复杂性还可以分为：（突变论和混沌的两种）运动复杂性和（分形的和非稳定性的两种）结构复杂性。它们都具有跨越层次的特征，表现为嵌套、相互连结、相互影响和作用等。

（8）对客观复杂性的有效理解及其表达（认识论的复杂性定义）。认识论意义的复杂性概念也概括了自然科学和技术科学领域关于用描述长度定义复杂性的各种概念和涵义，特别是关于"有效复杂性"的涵义。

虽然目前关于复杂系统的认识与定义尚未统一，但是对复杂系统的基本特征的认识却比较一致。一般认为复杂系统具有以下特征：

（1）非线性（不可叠加性）与动态性。非线性是产生复杂性的必要条件，没有非线性就没有复杂性。复杂系统都是非线性的动态系统。非线性说明了系统的整体大于各组成部分之和，即每个组成部分不能代替整体，每个层次的局部不能说明整体，低层次的规律不能说明高层次的规律。每个子系统具有相对独立的结构、功能与行为。各组成之间、不同层次的组成之间相互关联、相互制约，并有复杂的非线性相互作用。

动态性说明系统随着时间而变化，经过系统内部和系统与环境的相互作用，不断适应、调节，通过自组织作用，经过不同阶段和不同的过程，向更高级的有序化发展，涌现出独特的整体行为与特征。

（2）非周期性与开放性。复杂系统的行为一般是没有周期的。非周期性展现了系统演变的不规则性，系统的演变不具有明显的规律。系统在运动过程中不会重复原来的轨迹，时间路径也不可能回归到它们以前所经历的任何一点，它们总是在一个有界的区域内展示出一种通常是极其"无序"的振荡行为。

系统是开放的，与外部是相互关联、相互作用的，系统与外部环境是统一的。开放系统不断地与外界进行物质、能量和信息的交换，没有这种交换，系统的生存和发展是不可能的。任何一种复杂系统，只有在开放的条件下才能形成，也只有在开放的条件下才能维持和生存。开放系统还具有自组织能力，能通过反馈进行自控和自调，以达到适应外界变化的目的；具有稳定性能力，保证系统结构稳定和功能稳定，具有一定的抗干扰性；在同环境的相互作用中，具有不断的演化能力；受到自身结构功能和环境的种种参数的约束。

（3）积累效应（初值敏感性）。初值敏感性，即所谓的"蝴蝶效应"或积累效应，是指在混沌系统的运动过程中，如果起始状态稍微有一点改变，那么随着系统的演化，这种变化就会被迅速积累和放大，最终导致系统行为发生巨大变化。这种敏感性使得我们不可能对系统做出精确的长期预测。

（4）结构自相似性（分形性）。所谓自相似是指系统部分以某种方式与整体相关。分形的两个基本特征是没有特征尺度和具有自相似性。对于经济系统，这种自相似性不仅体现在空间结构上（结构自相似性），而且体现在时间序列的自相似性中。一般来说，复杂系统的结构往往具有自相似性，或其几何表征具有分数维。

2. 复杂系统的分类

复杂性的种类很多，从不同的角度可以进行不同的分类。以下是比较常见的两种分类：

（1）物理（自然系统）复杂性、生物复杂性、社会复杂性。

（2）主观复杂性与客观复杂性。

6.1.4 水资源系统的复杂性

水资源系统是由水资源循环系统、人类活动及其影响构成的水资源利用系统、生态环境系统和区域内外的物质、能量、信息相互作用构成的。水资源系统结构可以理解为以下3个子系统：①水资源循环系统，由流域或区域的有关自然地理要素形成；②水资源工程管理系统，由人类活动目的所创造的工程单元集合组成并在一定管理制度下运动并发挥作用；③水生态环境系统，由与水资源有关的生态状况、环境状况以及植被、气候等组成，是水资源循环系统的支撑条件和边界限制。这3个子系统的相互关系决定了水资源系统的整体功能。

可持续发展理论背景下，人们对水资源系统的认识不断加深并赋予其越来越丰富的内涵。人类经济活动与生态系统的结合，构成普适性的生态经济系统。生态经济系统是一切经济活动的载体，任何自然资源开发利用的活动都是在一定的生态经济系统中进行的。水资源系统的生态经济分析如图6.1所示。

因此，将水资源系统的内涵扩展到生态经济系统的范畴是社会发展的必然选择。水资源生态经济复合系统是以水事活动为主体的水资源系统与社会、经济、生态环境系统相互耦合的复合系统，本文仍简称为水资源系统。它与传统的水资源系统的本质区别在于：强调水生态环境与水资源的高度统一性，强调水资源的各种功能用及效益（福利）的整体性，强调生产单元内部和生态环境之间存在资源优化配置问题，认为人类可以对水资源工程系统和水生态环境系统进行有效的管理，以维持水资源系统和人类系统的健康运行。

在水资源系统内部、外部之间存在物质、能量和信息的复杂交换关系，共同推动系统的演化；此外，水资源系统的生态经济要素分布、需求、供给和消耗的不均匀，存在结构的非均衡，子系统之间多重质的差异性以及输入、输出的不平衡性等，系统行为的微小差异将导致不同的系统结果。因此，水资源系统是一个开放的、远离非平衡态的复杂系统。

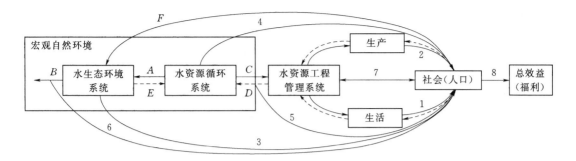

图 6.1　水资源系统的生态经济分析

A—维持自我循环、整体性和稳定性；B—维持宏观自然环境的健康运行；C—资源功能与生命支持功能；

D—废物传输、化解功能；E—水生态环境对水循环的反作用；F—人类对水生态环境系统的反作用；

1—生活效益（福利）；2—经济效益（福利）；3—生态环境效益（福利）；4—水资源价值；

5—废物传输和化解、吸收的效益；6—宏观自然环境的价值；7—社会价值观、伦理观、

管理制度以及科技经济水平；8—总效益（福利）

　　复杂性主要表现在以下几个方面：①系统逻辑结构的大规模、多层次、多关联，系统由多个子系统组成，其中任何一个子系统都包括众多下一级子系统，各子系统之间存在复杂的非线性结构，存在相互制约、相互推动的非线性关系；②系统空间结构的尺度复杂性，水资源循环系统中的水系、降雨、径流等具有复杂的自相似、分形、随机等特征，水资源工程管理系统中的需水、决策等也具有分形、信息多元性、混沌性和不确定性等特征；③系统的临界性，即存在一定的边界，系统内部各子系统对边界初值具有敏感性，超出该边界的影响力度可能导致系统不可逆转或灾难性的后果；④系统的开放性和耗散（自组织）性导致系统演化的复杂性，一方面表面为系统内部通过竞争与自适应，从一种相对平衡状态向另一种相对平衡状态转移的过程，另一方面表现为系统功能、结构和目标的变化，出现多重均衡、分岔、突变、复杂周期等复杂系统演化特有的现象；⑤人类社会本身的复杂性是水资源系统复杂性的根本原因之一，水资源系统不断受到外界的影响产生无数个"随机涨落"，当涨落影响达到一定程度时系统会产生"巨涨落"，也会导致系统从一种相对平衡状态跳跃到新的相对平衡状态，形成新的耗散结构；⑥以上几个方面因素的综合作用，最终形成了水资源系统的复杂性。

　　水资源系统的复杂性为应用复杂性理论与方法提供了可行性，同时也决定了水资源可持续利用必须采用复杂性理论和方法进行研究。

6.2　水资源系统的复杂性理论基础

6.2.1　非线性系统理论

　　非线性是指复杂系统各子系统之间的内在相互作用关系，是复杂系统复杂性产生的根源所在，是构成复杂系统的一个必要条件。复杂系统中的突变、混沌、分形、神经网络以及遗传算法等本质上都是非线性的，下面依次介绍几种非线性系统。

1. 突变论

法国数学家雷内托姆（Rene Thom）于 1972 年发表了《结构稳定性和形态发生学》，首次阐述了突变理论。突变论蕴涵着丰富的哲学思想，主要包括：内部因素与外部相关因素的辩证统一；渐变与突变的辩证关系；确定性与随机性的内在联系；质量互变规律等。它与耗散结构论、协同论一起，在有序与无序的转化机制上，把系统的形成、结构和发展联系起来，成为推动系统科学发展的重要学科之一。

突变论认为，系统所处的状态可用一组参数描述。当系统处于稳定态时，标志该系统状态的某个函数就只有唯一值；当参数在某个范围内变化，该函数值有一个以上极值时，系统必然处于不稳定状态。雷内托姆指出，系统随参数的变化从一种稳定状态进入不稳定状态，又从不稳定状态进入另一种稳定状态，那么系统状态就在刹那间发生了突变。突变论还认为，在严格控制条件的情况下，质变中经历的中间过渡态是稳定的，那么它就是一个渐变过程；质态的转化，既可通过飞跃来实现，也可通过渐变来实现，关键在于控制条件。

（1）初等突变论的基本模型。初等突变论主要研究势函数并根据势函数将临界点分类，进而研究临界点，附近的不连续特征。以应用较多的单状态变量突变模型为例，由势函数 V 出发，可求得平衡曲面 $M\left(\dfrac{\partial V}{\partial X}\right)$、奇点集 $S\left(\dfrac{\partial^2 V}{\partial x^2}\right)$（其中 S 在控制空间的投影）、分歧集 B。

初等突变论直接处理不连续性，而不联系任何特殊的内在机制，这使它特别适用于研究内部作用未知的系统。它有 7 个基本模型（或称初等突变形式），不同文献所列公式略有差异，但其本质完全相同。7 种基本突变模型的势函数见表 6.1。

表 6.1　　　　　　　　　初等突变模型的势函数

突变模型	控制变量模数	状态变量模数	势 函 数
折叠突变	1	1	$V_a = \dfrac{1}{3x^3} + ax$
尖点突变	2	1	$V_{ab} = \dfrac{1}{4x^4} + \dfrac{1}{2ax^2} + bx$
燕尾突变	3	1	$V_{abc} = \dfrac{1}{5x^5} + \dfrac{1}{3ax^3} + \dfrac{1}{2bx^2} + cx$
蝴蝶突变	4	1	$V_{abcd} = \dfrac{1}{6x^6} + \dfrac{1}{4ax^4} + \dfrac{1}{3bx^3} + \dfrac{1}{2cx} + dx$
双曲脐点突变	5	2	$V_{abc}(x,y) = x^3 + y^3 + axy + bx + cy$
椭圆脐点突变	6	2	$V_{abc}(x,y) = x^3 - xy^2 + a(x^2 + y^2) + bx + cy$
抛物脐点突变	7	2	$V_{abcd}(x,y) = x^2 y + y^4 + ax^2 + by^2 + cx + dy$

注　x、y 为状态变量；a、b、c、d 为控制变量。

（2）突变模型的归一公式。几种常用突变模型的分歧集，写成分解形式如下：

尖点突变：　　　　　　　　　　$a = -6x^2 \quad b = 8x^3$

燕尾突变：　　　　　　　　　　$a = -6x^2 \quad b = 8x^3 \quad c = -3x^4$

蝴蝶突变：　　　　　　　　　　$a = -6x^2 \quad b = 8x^3 \quad c = -3x^4 \quad d = 4x^5$

可将上述分歧集方程进行归一化处理，得到突变模型的归一化公式：

尖点突变： $\qquad xa=\sqrt{a}\quad xb=\sqrt[3]{b}$

燕尾突变： $\qquad xa=\sqrt{a}\quad xb=\sqrt[3]{b}\quad xc=\sqrt[4]{c}$

蝴蝶突变： $\qquad xa=\sqrt{a}\quad xb=\sqrt[3]{b}\quad xc=\sqrt[4]{c}\quad xd=\sqrt[5]{d}$

另外，根据突变模型内在的矛盾对立统一关系，各控制变量对状态变量的影响有主次之分。常用的 3 种模型，控制变量的作用和主次地位如下：

尖点突变　　a（剖分因子）　b（正则因子）

燕尾突变　　a（剖分因子）　b（正则因子）　c（燕尾因子）

蝴蝶突变　　c（剖分因子）　d（正则因子）　a（蝴蝶因子）　b（偏畸因子）

（3）突变模型的递归计算准则。

1）非互补准则。一个系统的诸控制变量之间，其作用不可互相替代，即不可相互弥补对方不足时，按"大中取小"原则取值，即

$$x=\min\{xa,xb,\cdots\}\qquad(6.1)$$

2）互补准则。诸控制变量之间可相互弥补对方不足时，按其均值取用，即

$$x=\frac{1}{n}\sum(x_a+x_b+\cdots)\qquad(6.2)$$

式中：n 为控制变量个数。

3）过阈互补准则。诸控制变量必须达到某一阈值（限值）后才能互补。

2. 混沌学

混沌是确定性系统中出现的类似无规则、貌似随机的运动现象，其本质是对初始条件的敏感性。混沌是确定性系统中的伪随机性，不是简单的无序而是没有明显的周期和对称，但却具有丰富的内部层次的有序结构。

（1）混沌性质。从 20 世纪 60 年代开始，对混沌的研究越来越深入。目前的研究表明，混沌主要有如下性质：

1）非周期性。对某些参量值，在不同初始条件下，都将产生非周期性动力学过程，即混沌运动具有轨道不稳定性，它在适当的约束下导致运动的不稳定性和分岔现象。

2）对初始条件的敏感依赖性。随着时间的推移，任意靠近的各个初始条件将表现出各自独立的时间演化，即存在对初始条件的敏感依赖性。由于初值的微小变化，由同一系统方程迭代产生的两条曲线在初期基本重合，但长期演化路径却大不相同，这就是所谓的"蝴蝶效应"。

3）长期不可预测。由于初始条件仅限于某个有限精度，而初始条件的微小差异可能对以后的时间演化产生巨大的影响，因此不可能长期预测将来某一时刻之外的动力学特性，即混沌系统的长期演化行为是不可预测的。

4）具有分形的性质。分形几何是以非规则几何形状为研究对象的几何学。分形是指 n 维空间一个点集的一种几何性质，它们具有无限精细的结构，在任何尺度下都有自相似部分和整体相似性质，具有小于所在空间维数 n 的非整数维数，这种点集叫分形体。分维就是用非整数维—分数维来定量地描述分形的基本特性。

5）遍历性。混沌的"定常状态"，不是通常概念下确定性运动的 3 种定常状态：静止

（平衡）、周期运动、准周期运动；而是一种始终限于有限区域且轨道永不重复的、性态复杂的运动，所以随着时间的推移，混沌运动轨迹遍历区域空间的每一点。

6）随机性。混沌是确定性系统自发产生的不稳定现象，系统在持久性动力性态上表现出类似随机的复杂行为。这种性质被称为内在随机性；混沌现象形成的根源在系统内部，与外部因素无关。产生混沌的系统，一般来说具有整体稳定性，而局部是非稳定的。体系内的局部不稳定正是内随机性的特点，也是对初值敏感性的原因所在。

7）普适性。不同系统在趋于混沌时会表现出某些共同特征，不依具体的系统方程或系统参数而改变，这种性质称为普适性。普适性主要体现在混沌几个普适常数上，如Feigenbaum常数，它是混沌内在规律性的体现。

（2）混沌分类。根据混沌现象表现出的特点，不仅可以对平衡态热力学混沌与非线性动力学混沌之间做出区分，而且能够对非平衡态的非线性动力学混沌再作更细致的区分。

1）时间混沌与空间混沌。Tsonis对混沌的时间和空间行为做了划分，他把混沌对初始条件的敏感依赖性划分为两种依赖性——时间和空间条件的依赖性，并且在研究上给出低维动力系统的时间混沌和空间混沌的定义：时间混沌即系统状态具有初始条件敏感性；空间混沌即系统状态具有边界敏感性。

2）完全混沌与有限混沌。Lorenz把混沌分成完全混沌和有限混沌两种。他认为，混沌是表征一个动力系统的特性，如果在该系统中大多数轨道显示敏感依赖性，即所谓完全混沌；如果在该系统中只有某些轨道是非周期的，但大多数轨道是周期的或准周期的，即有限混沌。

3）强混沌与弱混沌。强混沌和弱混沌是按照有无一个时间尺度从而是否可以对系统的演化行为作出预测来划分的。Perbak等认为，强混沌即存在一个时间尺度，一旦超越这个尺度，系统演化就不可预测；而弱混沌则不存在这样一个尺度，它可以进行长期预报。科学家发现，目前所找到的自组织的临界现象都是弱混沌的，所以自然界存在大量的弱混沌现象，而弱混沌是可以长期预测的。该划分严格地说，是指在混沌区内，强混沌区域不可预测，而弱混沌的大部分可以预测。

3. 分形

经典的几何学是以规则光滑的几何形状为研究对象。然而，自然界中的某些客观存在现象，如海岸线、材料裂纹、土壤特性的测量值等，它们的共同特征是极不规则、极不光滑的。因此，传统的几何学和经典数学已难以或无法处理，于是分形几何学应运而生。分形理论以大自然中非线性特征为研究对象，承认自然界局部可能在一定的条件、过程中在某一方面（形态、结构、功能、信息、时间、能量等）表现出与整体相似的特性，可以利用离散的整数或连续的分数描述空间维数的变化，扩展了人们对非线性系统研究的视野。目前，分形原理已经广泛运用于非线性学科领域中，地貌河流学者用其描述和预测流水地貌发育和演化过程，地震学者则将分形运用于地震周期性、时间序列、时间分维、时空分布、前兆序列等方面的研究，水文气象学者用以探讨水文事件序列和旱涝时间序列，等等。

（1）分形的定义。分形（Fractal）一词是由分形理论创始人Mandelbrot为了给规则、支离破碎的复杂图形命名，于1975年在其专著《分形：形状、机遇和维数》中将拉丁语

"Fractus"（破碎、产生不规则碎片）转化而成的。它含有英文 Fracture（分裂）和 Fraction（分数）的双重意义，因此，Fractal 有"不规则的""破碎的""断裂的""分数的"等含义。由于分形理论产生的时间不长，正处于不断完善和发展中，目前尚无一个关于分形及其度量（分形维数）的严格确切定义。比较容易被人们接受的是 Mandelbrot 在 1975 年和 1986 年给出的定义：

定义 1：设集合 $A \subset En$，若 A 的豪斯道夫维数 DH 严格大于它的拓扑维数 DT，则称 A 为分形集。

定义 1 排除了为数众多的其豪斯道夫维数为整数而又具有明显分形特征的集合，如 Pianeo 曲线等，该定义是不可取的。为此，Mandelbrot 在 1986 年又给出分形的另一定义。

定义 2：设集合 $A \subset En$，如果 A 局部以某种方式与整体相似，则称 A 为分形集。

定义 2 虽然反映了分形的重要特征——自相似性，但自相似性并不能概括分形的全部属性，如 Minkowski 分形等，因而定义 2 也不是分形集合的精确定义。

著名分形几何学家 K. Falconer 在其专著《Fractal Geometry》中也不得不回避分形的精确定义，仅仅列出了 5 条用不确定性语言描述的分形集特征：

1）分形集具有精细的结构，即有任意小比例的细节。

2）分形集是如此的不规则，以至于它的整体与局部都不能用传统的几何语言来描述。

3）分形集通常有某种自相似的形式，可能是近似的或是统计的。

4）分形集的"分形维数"（以某种方式定义的）一般大于它的拓扑维数。

5）在大多数令人感兴趣的情况下，分形集可以以非常简单的方法来定义，可能由迭代产生。

（2）自相似性。一个系统的自相似性是指某种结构或过程的特征从不同的空间尺度或时间尺度来看都是相似的，或者某系统或结构的局部性或局部结构与整体类似。另外，在整体与整体或部分与部分之间，也会存在自相似性。一般情况下，自相似性有比较复杂的表现形式，而不是局部放大一定倍数以后简单地与整体完全重合。但是，表征自相似系统或结构的定量性质如分形维数，并不会因为放大或缩小等操作而变化，所改变的只是其外部的表现形式。

分形的自相似性特点，表明在通常的几何变换下，分形具有不变性，分形除了本身的大小外，不存在能表示其内部结构的特征长度。最初，在分形的自相似概念中，只包含形态（或结构）的内涵，即把在形态或结构上存在自相似性的几何对象称为分形，如海岸线与地形地貌、河流与水系、云彩的边界、降雨区的边界、宇宙中星系与星团的分布、来自流体的湍流、地下水和石油的渗流等。后来，由于"三论"（信息论、控制论和系统论）的巨大冲击，在自相似性的概念中逐渐加入了功能和信息的意义。因此，一般把在形态（结构）功能、信息等方面具有自相似性的研究对象统称为分形。人们把研究分形性质及其应用的科学成为"分形理论"。

（3）无标度区间。自相似性意味着无标度性，系统没有特征尺度。规则的集合形状都有一定的特征尺度，比如一个圆，在尺度不断缩小的情况下，其特征尺度从直径转变到一小段直线段，它们之间不存在任何的相似之处。而对于一个具有自相似性结构的分形体来说，它不具备特征尺度，在不同的尺度范围内，除大小不同外，看起来都是很相似的。因此，对于一个具有自相似性的分形体而言，在任何尺度下观测它都是一个具有自相似性的分形体。分形体的这种性质称为无标度性。实际中这种无标度性总有一定的适用范围，超出这个范围就不再满足无标度性，这个范围称之为无标度区间。

（4）标度不变性。从数学的角度来讲，自相似性意味着标度不变性，说明在无标度区间内不同尺度下系统属性之间的相互关系，它们通过标度变换联系起来。标度不变性在数学上可表示为

$$f(\lambda r) = \lambda m f(r) \tag{6.3}$$

式中：r 为标度；λm 为缩放比例，λ、m 均为常数。

式（6.1）表明，将标度 r 扩大为 λr 后，新的函数增大为原函数的 λm 倍，即标度改变了 λ 倍后函数具有自相似性（新函数是膨胀的或收缩的原函数）或标度不变性。严格来说，此时函数具有标度变换下的不变性，λm 称为标度因子。满足这一性质的简单函数是幂函数：

$$f(r) - rm \tag{6.4}$$

由式（6.2）可得

$$f(\lambda r) - (\lambda r)m = \lambda mrm = \lambda m f(r) \tag{6.5}$$

满足式（6.5）的函数必须是幂函数，其他形式的函数，如指数函数、高斯函数等，就不具备这种标度不变性。因为改变指数、高斯等函数的标度后新函数和原来的函数没有简单的正比关系，这些函数包含一个特征长度，在此范围内它们衰减得很快。相反，幂函数没有特征长度，衰减速度较慢，且在不同层次（如上一个数量级和下一个数量级）以同样的比例衰减，表明幂函数具有标度不变性或标度变换下的不变性。

4. 神经网络

人工神经网络（Artificial Neural Networks，ANN），也简称为神经网（NN），是模仿生物大脑结构和功能建立起来的，具有很强的逼近功能和自学习、自适应性，能够描述系统内存在的非线性特性。该网络的基本单元是一种类似于生物神经元的人工神经元，也是一种广义的自动机（可以用电子元件模拟）；由许许多多类似的人工神经元经一定的方式连接起来形成的网络，表现出系统的整体性行为。这种涌现行为表现为神经元网络可以被用来作为信息处理的一个功能整体，正是由于神经元网络具有很强的信息处理功能，它目前已被广泛应用于与信息处理有关的一切领域，包括简单的信号处理分析到研究人的学习记忆机制。

（1）神经网络的主要特点。神经网络的计算过程是适用于人类的信息处理系统。神经网络模型用于模拟人脑神经元活动的过程，其中包括对信息的加工、处理、存储和搜索等过程。它具有如下基本特点：

1）具有分布式存储信息的特点。它存储信息的方式与传统的计算机的思维方式是不同的，一个信息不是存在一个地方，而是分布在不同的位置。网络的某一部分也不只存储一个信息，它的信息是分布式存储的。神经网络是用大量神经元之间的联结及对各联结权重分布表示特定的信息。因此，这种分布式存储方式具有即使当局部网络受损时仍能够恢复原来信息的特点。

2）对信息的处理及推理过程具有并行的特点。神经网络可以看成由多数处理单元（Processing Element）同时工作、并行处理的机器。这里的处理单元是人工神经细胞。每个神经元都可根据接受处的信息做独立的运算和处理，然后将结果传输出去，这体现了一种并行处理。神经网络对于一个特定的输入模式，通过前项计算产生一个输出模式，各个输出接点代表的逻辑概念被同时计算出来。在输出模式中，通过输出接点的比较和本身信号的强弱而得到特定的解，同时排除其余的解。这体现了神经网络并行推理的特点。

3）对信息的处理具有自组织、自学习的特点。神经网络中各神经元之间的联结程度用权重的大小表示，这些权重可以事先定出，也可以为适应周围变化的环境而不断地调整权重（自组织能力）。这种过程称为神经元的学习过程。神经网络所具有的自学习过程模拟了人的形象思维方法，这是与传统符号逻辑完全不同的一种非逻辑非语言的方法。神经网络根据给予的学习数据，可以自学习。因此，不需要人类进行非常复杂的并行处理系统的编程，这可谓是一大优点。

（2）神经网络的基本功能。人工神经网络是一种旨在模仿人脑结构及其功能的信息处理系统。因此，它在功能上具有某些智能特点。

1）联想记忆功能。由于神经网络具有分布存储信息和并行计算的性能，因此它具有对外界刺激和输入信息进行联想记忆的能力。这种能力是通过神经元之间的协同结构及信息处理的集体行为实现的。神经网络通过预先存储信息和学习机制进行自适应训练，可以从不完整的信息和噪声干扰中恢复原始的完整的信息。这一功能使神经网络在图像复原、语音处理、模式识别与分类方面具有重要的应用前景。

2）分类与识别功能。神经网络对外界输入样本有很强的识别与分类能力。对输入样本的分类实际上是在样本空间找出负荷分类要求的分割区域，每个区域内的样本属于一类。

3）优化计算功能。优化计算是指在已知的约束条件下，寻找一组参数组合，使该组合确定的目标函数达到最小。将优化约束信息（与目标函数有关）存储于神经网络的连接权矩阵中，神经网络的工作状态以动态系统方程式描述。设置一组随机数据作为初始条件，当系统的状态区域稳定时，神经网络方程的解作为输出优化结果。

4）非线性映射功能。在许多实际问题中，如过程控制、系统辨识、故障诊断、机器人控制等诸多领域，系统的输入与输出之间存在复杂的非线性关系，对于这类系统，往往难以用传统的数理方程建立其数学模型。神经网络在这方面有独到的优势，设计合理的神经网络通过对系统输入和输出样本进行训练学习，从理论上讲，能够任意精度逼近任意复杂的非线性函数。神经网络这一优良性能使其可以作为多维非线性函数的通用数学模型。

6.2.2　随机系统理论

随机系统，也可称为概率系统。在非确定性系统中，凡是含有内部随机参数、外部随机干扰和观测噪声等随机变的系统，如果根据系统某一时刻的状态与输入，能够确定下一时刻的状态或输出的概率分布，就称为随机系统。本节主要研究随机过程和随机网络。

6.2.2.1　随机过程

若一个系统的状态演化可用一个随时间变化的随机变量 $X(t)$ 来描述，则称该系统状态为一随机过程。在数学上若对于每个 $t \in T$（其中 T 是某个参数集），$X(t)$ 是随机变量，则称随机变量族 $\{X(t),t\in T\}$ 为随机过程。

1. 随机过程的概率密度

用 $P_n(x_n,t_n;x_{n-1},t_{n-1};\cdots;x_1,t_1)$ 表示随机变量 X 在 t_k 时刻取 $x_k(k=1,2,\cdots,n)$ 的联合概率密度，显然 P_n 具有以下性质：

(1) 正定条件，$P_n\geqslant 0$。

(2) 对称条件，交换任意两对 (x_k,t_k) 和 (x_j,t_j) 时 P_n 不变。

(3) 可约条件，$\int P_n(x_n,t_n;x_{n-1},t_{n-1};\cdots;x_1,t_1)\mathrm{d}x_n=P_{n-1}(x_{n-1},t_{n-1};x_{n-2},t_{n-2};\cdots;x_1,t_1)$。

$$(6.6)$$

(4) 归一化条件，$\int P_1(x_1,t_1)\mathrm{d}x_1=1$。 $\tag{6.7}$

由于 P_n 可计算各阶矩，如：

$$E(X(t_1)X(t_2)\cdots X(t_n))=\int x_1x_2\cdots x_nP_n(x_n,t_n;x_{n-1},t_{n-1};\cdots;x_1,t_1)\mathrm{d}x_n\mathrm{d}x_{n-1}\cdots\mathrm{d}x_1$$

$$(6.8)$$

因此，联合概率密度描述了随机过程的统计规律性。

2. 平稳性

如果一个随机过程对一切 n 和 τ 均有

$$P_n(x_n,t_n;x_{n-1},t_{n-1};\cdots;x_1,t_1)=P_n(x_n,t_n+\tau;x_{n-1},t_{n-1}+\tau;\cdots;x_1,t_1+\tau)\tag{6.9}$$

则称该随机过程是平稳的。将式 (6.9) 代入式 (6.8)，得到

$$E(X(t_1+\tau)X(t_2+\tau)\cdots X(t_n+\tau))=E(X(t_1)X(t_2)\cdots X(t_n))\tag{6.10}$$

特别有 $E(X(t_n+\tau))=E(X(t_n))$ 是常数。因此，平稳随机过程又可以定义为各阶矩不受时间平移影响的过程。

3. 随机过程的统计参数

随机过程的主要统计参数除各阶矩外，还有时间自相关函数、方差函数和自相关时间。自相关函数的定义见式 (6.8)，协方差函数的定义为

$$K(t_1,t_2)=E(X(t_1)-EX(t_1))(X(t_2)-EX(t_2))$$
$$=E(X(t_1)X(t_2))-EX(t_1)EX(t_2)\tag{6.11}$$

它描述随机变量 $X(t)$ 在不同时刻取值间的相关性。若 $t_1=t_2$，则称

$$K(t,t)=E(X^2(t))-[EX(t)]^2=\sigma^2(t)\tag{6.12}$$

为方差函数或均方涨落。

平稳随机过程的自相关函数仅依赖于 $\tau=t_1-t_2$ 的绝对值，且不受从 $X(t)$ 中扣除常数 $E(X)$ 的影响，故可用

$$K(\tau)=X(t+\tau)X(t)\tag{6.13}$$

表示。若当 $|\tau|>t_0$ 时，$K(\tau)=0$ 或 $K(\tau)$ 小到可以忽略不计，则称 t_0 为自相关时间。

4. 马尔可夫过程

马尔可夫过程是最重要的类随机过程。考虑任意 n 个相继时刻 $t_1<t_2<\cdots<t_n$，则有

$$P_{n,n-1}(x_n,t_n|x_{n-1},t_{n-1};\cdots;x_1,t_1)=P(x_n,t_n|x_{n-1},t_{n-1})\tag{6.14}$$

即给定 x_{n-1}、t_{n-1}，则在 t_n 的条件概率被唯一确定，与更早时刻随机变量 $X(t)$ 的取值无关，称这样的随机过程为马尔可夫过程。换句话说，马尔可夫过程是一种只对最近的历史数据有记忆的过程。$P(x_n,t_n|x_{n-1},t_{n-1})$ 叫做跃迁概率。

利用马尔可夫过程定义式（6.10）有

$$P_3(x_3,t_3;x_2,t_2;x_1,t_1)=P_{3,2}(x_3,t_3|x_2,t_2;x_1,t_1)P_2(x_2,t_2;x_1,t_1)$$
$$=P(x_3,t_3|x_2,t_2)P(x_2,t_2|x_1,t_1)P_1(x_1,t_1) \qquad (6.15)$$

继续进行可得

$$P_n(x_n,t_n;x_{n-1},t_{n-1};\cdots;x_1,t_1)=\prod_{i=2}^{n}P(x_i,t_i \mid x_{i-1},t_{i-1})P_1(x_1,t_1) \qquad (6.16)$$

因此，马尔可夫过程完全由 $P_1(x_1,t_1)$ 和跃迁概率 $P(x_i,t_i|x_{i-1},t_{i-1})$ 决定。许多物理过程具有这一性质，可使问题简化，马尔可夫过程得到广泛应用。

5. 查普曼–科尔莫戈罗夫方程

将式（6.15）两边对 x_2 积分，对时间序列 $t_1<t_2<t_3$ 有

$$P_2(x_3,t_3;x_1,t_1)=P_1(x_1,t_1)\int P(x_3,t_3 \mid x_2,t_2)P(x_2,t_2 \mid x_1,t_1)\mathrm{d}x_2 \qquad (6.17)$$

再除以 $P_1(x_1,t_1)$，得

$$P(x_3,t_3;x_1,t_1)=\int P(x_3,t_3 \mid x_2,t_2)P(x_2,t_2 \mid x_1,t_1)\mathrm{d}x_2 \qquad (6.18)$$

式（6.18）叫做查普曼–科尔莫戈罗夫方程（Chapman – Kolmogorov Equation）。它是任何马尔可夫过程的跃迁概率必须服从的方程。方程的意义是，对于马尔可夫过程，一大步的转移可通过相继两小步的转移来到达，而两小步的跃迁概率统计独立。

6.2.2.2 随机网络

1. 概述

随机网络，也称计划评审技术（PERT），是一种反映多种随机因素的网络技术。

与传统的网络技术不同，随机网络技术模型中的节点、箭线和流量均带有一定程度上的不确定性，不仅反映活动的各种定量参数，如时间、费用、资源消耗、效益、亏损等是随机变量，而且组成网络的各项活动也可以是随机的，可按一定的概率发生或不发生，并且允许多个源节点或自多个汇节点的网络循环回路存在。

20 世纪 60 年代，美国国防部在阿波罗空间系统研究、制造和发射过程中，首次建立了随机网络模型，并提出分析和求解随机网络的方法，用以确定该系统的最终发射时间，协调各承包商的工作进度，取得了明显的效果。

2. 随机网络图的构成

（1）节点符号表示方法。

1）输入部分。输入部分有互斥型、兼或型以及汇合型，见表 6.2。

表 6.2   互斥型、兼或型以及汇合型

节点名称	互斥型	兼或型	汇合型
符号	◁|	◁	◗

2）输出部分。输出部分有肯定型和随机型，见表 6.3。

表 6.3 肯 定 型 和 随 机 型

节点名称	肯定型	随机型
符号	▷	◗

3）对于一张随机网络图既有起止节点，又有中间节点。由于中间节点有输入部分，又有输出部分，节点需要同时能表达不同的输入关系和输出类型，上述不同节点的输入和输出形式可以组合成 6 种节点形式，见表 6.4。

表 6.4 节点输入和输出形式组合

输入端＼输出端	互斥型	兼或型	汇合型
肯定型	▷|	◁	○
随机型	◇|	◇	◖

（2）箭线及传递系数的表示方法。随机网络的箭线可以表示具体的活动也可以表明一项活动的结果，或者两项活动之间的关系。为了表达活动时间、成本、效率，还必须进一步说明实现各项活动的有关参数，即节点之间通过箭线传递的系数。

常用的传递系数有两类：

1）时间或费用系数，反映活动所需的消耗。

2）概率系数，反映活动实现的可能性及质量合格率等。时间系数可以是常数或者服从某种理论分布的密度函数，如 $f_{ij}(c)$ 或 $f_{ij}(r)$。例如，某活动的时间系数被认为服从正态分布，且已知均值 μ 和方差 σ^2，则可表示为 $\sigma^2 N(\mu\sigma^2)$ 并可作为计算时的参数依据；每项活动的概率系数一般假定为常数。

3. 随机网络的特点

与普通网络图比较，随机网络具有以下特点：

（1）随机网络的箭线和节点不一定都能实现。实现的可能性取决于节点的类型和箭线的概率系数。

（2）随机网络中各项活动的时间可以是常数，也可以是服从某种概率分布的密度函数，更具有不确定性。

（3）随机网络中可以有循环回路，表述节点或活动可以重复出现。

（4）随机网络中的两个中间节点之间可以有一条以上的箭线。

（5）随机网络中可以有多个目标，每个目标反映一个具体的结果，即可以有多个始点或终点。

6.2.3 复杂适应系统理论

复杂适应系统是美国圣菲研究所（SFI）以生物体为背景建立的近年来研究比较多的

一类复杂系统。它将生物体的适应环境、生长繁殖、遗传变异等生物演化性质条理化、规范化，建立用计算机模拟的子系统的演化机制，使之类似生物体，进而研究由这样子系统组成的系统整体在一定外界条件下的演化机制，SFI 称这类系统为复杂适应系统（Complex Adaptive System，CAS）。

研究表明，复杂适应系统是由许许多多具有适应性的主体（Adaptive Agent），简称"智能体"构成的，这些智能体无论在形式上还是在性能上都各不相同。所谓具有适应性，就是指它能够与环境以及其他主体进行持续不断地交互作用，从中不断"学习"或"积累经验""增长知识"，并据此改变自身的结构和行为方式，以适应环境的变化及和其他主体协调一致，促进整个系统发展、演化或进化。整个宏观系统的演化或进化，包括新层次的产生、分化和多样性的出现，新的聚合以及更大主体的派生等。

霍兰把上述智能体与环境及其他主体反复的不断主动交互作用概括为"适应性"，并认为这才是系统发展、演化或进化的基本动因。因此，智能体是 CAS 理论的最核心概念。但单独用它是无法完全表达 CAS 理论的丰富内容的。所以，霍兰进一步提出了 7 个有关概念：聚集、非线性、流、多样性、标识、内部模型及积木块。在这 7 个概念中，前 4 个是个体的某种特性，它们将在适应和演化中发挥作用，而后 3 个是个体与环境及其他主体进行交互的机制。

（1）聚集（Aggregation）。聚集有两层含义：①把相似的事物聚集成类，这是简化复杂系统的一种标准方法，也是构建模型的一种重要手段；②主体通过"黏合"形成较大的更高一级的介主体（Meta - Agent）。同时，再聚集将产生多主体，几次重复就可得到 CAS 非常典型的层次组织。

（2）非线性（Nonlinearity）。非线性是指个体及其属性变化，特别是与环境及其他主体反复交互作用时，并非遵循简单的线性关系。非线性的产生可归于个体的主动性和适应能力，而主体行为的非线性是产生复杂性的根源。

（3）流（Flow）。流是指在个体相互间、个体与环境及其他主体之间存在的物质流、能量流和信息流等。系统越复杂各种流的交换就越频繁。

（4）多样性（Diversity）。霍兰指出：正是相互作用和不断适应的过程造成了个体向不同方面发展变化，从而形成了个体类型的多样。可见，多样性是在适应过程中，由于种种原因（如非线性、相互作用等），个体之间的差别会发展与扩大，最终形成分化的必然结果。

（5）标识（Tagging）。主体之间的聚集行为并非任意性，而是有选择的，在 CAS 中，标识提供了具有协调性与选择性的聚集体，从而可区分出对称性。更进一步来讲，标识是隐含在 CAS 中具有共性的层次组织机构背后的机制。

（6）内部模型（Internal Model）。内部模型是指主体的内部模型，体现了主体在接受外部刺激（扰动），做出适应性反应的过程中能合理调整自身结构。因此，内部结构模型是主体适应性的内部机制的精髓。通常，内部模型可分为隐式和显式两类。前者用以指明当前行为；后者用于内部探索，指明前瞻过程。

（7）积木块（Building Block）。积木块或称构件，是构成复杂系统的单元。CAS 的复杂程度不仅取决于积木块的多少和大小，而且还取决于原有积木块的重新组合方式。应强调指出的是，上述内部模型的积木块机制，进一步显示了复杂系统的适应性和层次性，即主体间或同环境及其他主体相互作用就会通过内部模型产生适应性，这种适应性是通过积木块和其他积木块的相互作用和相互影响实现的，而在适应过程中一旦超越层次，就会出现新的规律与特征。

6.2.4 自组织理论

自组织理论是研究客观世界中自组织现象的产生、演化等的理论。由于自组织现象非常丰富，且它们的形成大多与系统的非线性相互作用密切相关，而目前对于大多数系统的非线性相互作用，还不能提出一种普遍适用的处理方法，因此自组织理论也未形成一种完整规范的体系，仍处于构建阶段。通常人们将普利高津创建的耗散结构理论和哈肯创建的协同学理论统称为自组织理论。耗散结构理论与协同学理论都是从物质运动的简单形式，如物理运动、化学运动等形式中总结出来的，它能够很好地解决物理学、化学中一些自组织运动的问题，比如激光、时间振荡化学反应等。

1. 耗散结构理论

耗散结构理论可概括为：一个远离平衡态的非线性的开放系统（不管是物理的、化学的、生物的乃至社会的、经济的系统）通过不断地与外界交换物质和能量，在系统内部某个参量的变化达到一定的阈值时，通过涨落，系统可能发生突变即非平衡相变，由原来的混沌无序状态转变为一种在时间上、空间上或功能上的有序状态。这种在远离平衡的非线性区形成的新的稳定的宏观有序结构，由于需要不断与外界交换物质或能量才能维持，因此称之为"耗散结构"（Dissipative Structure）。可见，要理解耗散结构理论，关键是要弄清楚如下几个概念：远离平衡态、非线性、开放系统、涨落、突变。

（1）耗散结构的基本特征。

1）动态性。耗散结构是一种动态结构，而不是静态结构。这里所谓动态结构是指：①构成系统的物质和能量要素是不断更新的，但其结构关系不变，例如，滑坡灾害系统的物质能量流动；②系统是不断发生质变的，例如，蚕的一生，其内部结构不断改变，经过卵—成虫—蛹—蛾—卵，这就是一种动态结构。所谓静态结构是指构成的物质、能量要素及其相互关系均不发生变化的结构，如晶体结构即属于静态结构，静态结构不属于耗散结构的范畴。

2）有序性。耗散结构是一种有序结构，是通过系统内部诸要素和系统之间有规则的联系转化而形成的结构。

3）宏观性。耗散结构是一种宏观结构。这里所谓的宏观是指由分子以上水平的物质要素的相互关系形成的结构。例如，细胞结构、组织结构、社会中的家庭结构等都属于宏观结构，也为耗散结构。

4）稳定性。耗散结构具有一定的抗干扰能力和稳定性，不为一般的内部微小涨落和外部弱小因素的扰动所破坏，一般性的涨落会被耗散结构本身所吸收。当外来的一个小系统与较大的耗散结构系统相遇而相互作用时，若外来小系统不足以造成耗散结构系统的崩溃或解体，则最后小系统会被耗散结构吞并。

（2）耗散结构形成的条件。一个耗散结构的形成和维持必须满足4个条件：系统必须是开放系统、远离平衡、有非线性相互作用和存在涨落。具体如下：

1) 系统必须是一个开放系统。根据热力学第二定律，一个孤立系统的熵自发地趋于极大，随着熵的增加，非平衡总是趋于平衡态，有序状态会逐步变为无序状态。与孤立体系不同，对于开放体系来说，除了考虑体系内部的熵之外，还必须考虑体系与外界熵的交换。熵（dS）的变化则可以分为两个部分：①系统本身由于不可逆过程（例如，热传导、扩散、化学反应等）引起的熵的增加，即熵产生（d_iS），这一项不可能为负；②系统与外界交换物质和能量引起的熵流（d_eS），可通过控制外界条件使它为正、为负或为零。整个系统熵的变化 dS 就是这两项之和：

$$dS = d_eS + d_iS \tag{6.19}$$

如果 $d_eS < 0$，且其绝对值足够大，就能够在抵消了体系的熵增加（$d_iS > 0$）之后，使体系的总熵减少，则 $dS = d_eS + d_iS < 0$，从而使体系走向具有生机活力的耗散结构。这表明，只要从外界流入的负熵流足够大，就可以抵消系统自身的熵产生，使系统的总熵减少，逐步从无序向新的有序方向发展，形成并维持一个低熵的非平衡态的有序结构。这样，普利高津在不违反热力学第二定律的条件下，通过引入负熵流来抵消熵产生，说明了开放系统可能从混沌无序状态向新的有序状态转化。

显然，开放系统仅仅是产生耗散结构的一个必要条件而不是充分条件。如果开放系统从外界引入的是正熵流而不是负熵流，那么将只能加快系统无序化的过程，而不可能形成新的有序结构。

2) 系统应当远离平衡态。普利高津根据最小熵产生原理指出，不仅系统在平衡态时自发趋势是趋于无序的，在近平衡线性区时的系统，即使有负熵流的流入，也不能形成新的有序结构，而只能是逐步趋于平衡，导致有序性的破坏。系统只有远离平衡态时才具有新的规律性，才有可能形成新的有序结构。只有在远离平衡的条件下，系统才可能在不与热力学第二定律发生冲突的条件下向有序、有组织、多功能方向进化，因此他提出非平衡是有序之源的著名论断。

普利高津把体系的非平衡态划分为线性非平衡态（近平衡态）和非线性非平衡态（远平衡态）两个部分。对于某一体系，若以控制参量 λ（λ 代表外界对体系的控制参数）为横坐标，以状态变量 p 为纵坐标作图可得图 6.2，平面上每一点代表体系的一种可能的状态。

与 λ_0 对应的表示 P_0 平衡态，随着 λ 偏离 λ_0，p 值（体系）也就偏离平衡态，如果 λ 偏离较小，则体系会演变到近平衡态的非平衡态（a 段），这是平衡态的延伸，因此这一段称为热力学分支。当 λ 达到或超过阈值

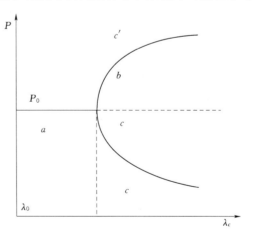

图 6.2　系统分岔演变示意图

a—热力学分支的稳定部分；b—热力学分支的不稳定部分；c、c'—耗散结构分支

λ_c，线段 a 的延续 q 上各非平衡定态就变得不稳定（失稳），非线性作用通过局部涨落或扰动的放大，足以引起体系的突变，离开代表无序状态的热力学分支而跃变到稳定的新分

支 c 或 c' 上，新分支上每一点都对应着体系的某种时空有序结构，即耗散结构。相应的分支（c 或 c'）称为耗散结构分支。这种由于热力学分支在 λ_c 处状态失稳而使体系突变到有序化的过程，称为非线性非平衡相变，即自组织现象。

3）非线性相互作用。系统内部各要素之间存在非线性的相互作用。普利高津说："对于形成耗散结构所必需的另一个基本特性是在系统各元素之间的相互作用中存在着一种非线性机理。"这种相互作用使各个要素之间产生相干效应和协调动作。此外，由于各要素之间的关系是非线性的，因此，只能用非线性方程来描述运动状态。非线性方程必然存在多个解，其中有些解是稳定的，有些解是不稳定的，从而使系统演变发展可能出现几种不同的结果，这就产生了进化的多样性和复杂性。

4）涨落。系统从无序向有序演变是通过随机涨落来实现的。涨落也叫扰动，是指体系的某个变量或某种行为对平衡值的偏离。涨落是偶然的、随机的、杂乱无章的，在不同条件下起着不同的作用。耗散结构理论认为，在接近平衡态的线性非平衡区涨落引起了在相空间中系统运动轨道的混乱将导致无序。涨落的发生只使体系状态暂时偏离，这种偏离状态不断衰减，直至回到稳定状态。而在远离平衡的非线性区，涨落却成为促使系统从不稳定的定态跃迁到一个新的稳定的有序结构的因素，是形成耗散结构的杠杆。体系中一个随机的微小涨落，通过非线性的相互作用和连锁效应被迅速放大，就可以形成整体的宏观"巨涨落"，从而导致体系发生突变，形成一种新的稳定有序状态，即所谓"涨落导致有序"。

（3）耗散结构基本原理。根据热力学第二定律，孤立系统中自发过程总是促使系统熵值的增加，最终达到无序的平衡态，即系统熵值最大化。但无论是自然界还是人类本身，一直处于从无序到有序进化发展中，生命系统具有与热力学第二定律所描述的孤立系统不同的演化方向。比利时物理化学家普利高津针对这一现象认为，"一个远离平衡的开放系统（力学的、物理的、化学的、生物的以及社会的、经济的系统），通过不断地与外界交换物质和能量，在外界条件的变化达到一定程度，系统某个参量变化达到一定临界值时，通过涨落发生突变即非平衡相变，就可能从原来的混沌无序状态，转变到一种在时间上、空间上或功能上的有序状态，这种在远离平衡的非线性区形成的新的有序结构，需要不断与外界交换物质与能量才能够维持"。它是一种动态平衡，人们称这种结构为"耗散结构"。

2. 协同学理论

协同学（Synergetics）由德国理论物理学家 Haken 于 1975 年创立。作为横断科学新三论之一的协同学理论，是研究远离平衡态的开放系统如何通过各子系统之间的自组织产生时间、空间以及功能上的有序结构的科学，主要目的是寻找现实世界中千差万别现象的普适性规律。它以现代系统控制科学的系统论、信息论、控制论、突变论等最新成果为基础，同时吸取了耗散结构理论的精华，采用系统动力学的综合思维模式，通过对不同学科、不同系统的同构类比，提出了多维相空间理论，建立了一套统一的数学模型和处理方案，在从微观到宏观的过渡过程中，描述了各类不同特殊性质的系统从无序到有序转变的共性。

协同学是一种复杂系统理论，认为世界的统一性不仅在于微观结构的单一性（由原子、分子等基本粒子组成），而且还应表现在宏观结构的形成遵循某些普适性规律。协同学把一切研究对象看成是由数目极大的组元、部分或子系统构成的系统，这些子系统彼此之间会通过物质、能量或信息交换等方式相互作用，通过这些相互作用，整个系统在某个临界点之上形成一种整体效应或者一种新型结构。这种整体效应具有在系统层次上的某种全新性质，而这种性质在微观子系统层次是不具备的。因此，协同学是关于多组分系统如何通过子系统的协同行动而导致结构有序演化的理论。

在远离平衡态的开放系统由无序向有序转化的过程中，系统不同的参量在临界点处的行为大不相同。协同学把参量的这种临界行为分为两种：①临界处阻尼大、衰减快的快弛豫参量（快变量），它们对系统演变过程的性质并不起主导作用，而是处于次要地位；②慢弛豫参量（慢变量），它们在临界点前的行为和快弛豫参量无明显区别，但当系统达到临界点时便显现出临界无阻尼现象，在演化过程中起着主要作用。系统的绝大多数状态变量的临界行为都是快弛豫参量，虽然慢弛豫参量的数目极少，但控制着其他快弛豫参量的运动。系统演变的最终状态或结构是由慢弛豫参量决定的。协同学的突出贡献就在于哈肯发现了在分支点附近慢变量支配快变量的普遍原理——支配原理。

协同学的研究对象、方法及任务：

（1）研究对象。各种各样的复杂系统，如流体系统、化学系统、生态系统、地球系统、天体系统、经济系统、人口系统、管理系统等都是协同学研究的对象。

（2）研究方法。协同学研究复杂系统的部分之间如何竞争与合作，形成整体的自组织行为。因此，协同学的研究方法是从部分到整体的综合研究方法。

因为线性系统满足叠加原理，整体等于组成部分之和，所以综合就变得非常简单。然而，丰富多彩的有序结构产生于非线性系统。所以，协同学所研究的方程是非线性的，整体大于部分之和就是相干性的结果。尽管这些系统千差万别，但它们都由若干个子系统组成。子系统间存在相互作用，这种相互作用可用竞争与合作或反馈来表述，也成为协同作用。正是这种相互作用使它们在一定条件下自发组织起来形成宏观上的时空有序结构。

（3）协同学的任务。协同学探索在系统宏观状态发生质的改变的转折点附近，支配子系统协同作用的一般性原理。其中，宏观状态质的改变是指从无序中产生有序结构，或由一种有序结构转变成另一种有序结构，而一般性是指与子系统性质无关。

6.2.5　信息熵理论

1. 信息论

信息论是人们在长时期通信工程的实践中，由通信技术与概率论、随机过程和数理统计相结合而逐步发展起来的一门学科。通常人们公认信息论的奠基人是当代伟大的数学家、美国贝尔实验室杰出的科学家香农（C. E. Shannon）。他在 1948 年发表了重要文章《通信的数学理论》，阐明了信息是人们对了解事物随机不定性的减少或消除，是两次不定性之差。同时他还给出信息的数学表达式，因而奠定了现代信息论的理论基础。

目前，对信息论研究的内容一般有以下 3 种理解。

（1）狭义信息论，也称为经典信息论，它主要研究信息的测度、信道容量及信源和信道编码理论等问题。该部分内容是信息论的基础理论，又称香农基本理论。

（2）一般信息论，也称工程信息论，它也是主要研究信息传输和处理问题，除了香农理论以外，还包括编码理论、噪声理论、信号滤波和预测理论、统计检测与估计理论等。

（3）广义信息论。广义信息论是一门综合、交叉的新兴学科，不仅包括上述两个方面的内容，而且包括所有与信息有关的自然科学和社会科学领域，如模式识别、计算机翻译、心理学、遗传学、生物学、神经生理学、语言学、语义学，甚至包括社会学、人文学和经济学中有关信息的问题。

综上所述，信息论是一门应用概率论、随机过程、数理统计和近世代数的方法，来研究广义的信息传输、提取和处理系统中一般规律的学科；它的主要目的是提高信息系统的可靠性、有效性、保密性和认证性，以便达到系统最优化；它的主要内容（或分支）包括香农理论编码理论、维纳理论、统计检测和估计理论、信号设计和处理理论、调制理论、随机噪声理论和密码学理论等。

2. 信息熵

熵（Entropy）是一个有很长历史的概念。19 世纪中叶，德国物理学家 Clausius 首先把熵引进热力学。虽然它来源于热力学，但是经过 100 多年的发展，熵的应用已经远远超过了热力学、统计物理的范畴，而直接或间接地波及信息论、数学、天体物理、生物医学乃至生命科学等不同领域，成为新文明观的基础。熵的概念一再扩大，反复出现在许多描述和定律中，这正显示了熵的概念在描述物质世界时的重大意义。爱因斯坦说，熵理论，对于整个科学来说是第一法则。

熵作为状态的函数，它的含义非常丰富。在热力学中它是不可用能度量的在统计物理中它是系统微观态数目的度量；在信息论中它是一个随机事件不确定程度的度量。在不同场合，针对不同对象，熵可以作为状态的混乱性或无序度不确定性或信息缺乏度，不均匀性或丰富度的度量。

从历史上看，熵有 3 个形式不同但具有内在联系的 3 个来源，它分别来自于热力学、统计力学及信息论。1948 年，C. E. Shannon 把 Boltzmann 熵的概念引入信息论中，把熵作为一个随机事件的不确定性或信息量的度量，从而奠定了现代信息论的科学理论基础。

考虑一个具有 n 个可能结果的随机试验 X，不确定性可以被当成一种态势，即这 n 个可能结果中哪个将发生？度量信息的出发点，是把获得的信息多少当成被消除的不确定性的多少。而随机事件不确定性的大小可以用概率分布函数来描述。下面设每个可能结果出现的概率矢量 $p = (p_1, p_2, \cdots, p_n)$：

$$\sum_{i=1}^{n} p_i = 1 \quad 0 \leqslant p_i \leqslant 1 \quad i = 1, 2, \cdots, n \tag{6.20}$$

Shannon 引入函数：

$$H_n X = H_n(p_1, p_2, \cdots, p_n) = -k \sum_{i=1}^{n} p_i \log_2 p_i \tag{6.21}$$

作为随机试验 X 先验地含有的不确定性，其中 k 为常数；H_n 为信息熵或 Shannon 熵，它是由概率分布函数表示的不确定性大小的度量。如果将 X 解释为 N 个测度的集合，p_i 为系统处于第 i 个微观状态的概率，则 Shannon 熵与统计力学熵是相同的。

熵是系统信息不足或混沌无序的度量，或是我们关于一个系统无知的度量。假使完整的信息可得到，则熵等于 0；否则，它将大于 0。比如，在随机试验 x 中，如果任何一个 p_i 等于 i，则 $H_n = 0$。因为这时我们可以对试验结果作出决定性的预言，而不存在任何不确定性。

在式（6.16）中，当对数的底分别为 2、e、10 时，信息的单位分别为比特（bit，即 Binary Digit）、奈特（nat，即 Natural Digit）、迪特（dit，即 Decimal Digit）。在信息熵的公式中，若某个 $p_i=0$，则规定 $0\log 0=0$。

3. 信息熵的基本性质

（1）对称性。当变量 p_1，p_2，$\cdots$，p_q 的顺序任意互换时，熵函数的值不变，即

$$H(p_1,p_2,\cdots,p_q)=H(p_2,p_3,\cdots,p_q,p_1)=H(p_q,p_1,\cdots,p_{q-1}) \tag{6.22}$$

该性质表明，熵只与随机变量的总体结构有关，即与信源的总体统计特性有关。如果某些信源的统计特性相同（含有的消息数和概率分布相同），那么这些信源的熵就相同。

（2）确定性。

$$H(1,0)=H(1,0,0)=H(1,0,0,0)=\cdots H(1,0,0,\cdots,0)=0 \tag{6.23}$$

因为在概率矢量 $p=(p_1,p_2,\cdots,p_n)$ 中，当某分量 $p_i=1$ 时，$p_i\log p_i=0$；其余分量 $p_j=0$ $(j\neq i)$，$\lim\limits_{p_j\to 0}p_i\log p_i$，所以式（6.18）成立。

这个性质意味着从总体来看，信源虽然有不同的输出消息（符号），但它只有一个消息几乎必然出现，而其他消息都是几乎不可能出现，那么这个信源是一个确知信源，其熵等于 0。

（3）非负性。

$$H_p=H_n(p_1,p_2,\cdots,p_q)=-\sum_{i=1}^{q}p_i\log p_i\geqslant 0 \tag{6.24}$$

该性质是很显然的。因为随机变量 X 的所有取值的概率分布满足 $0<p_i<1$，当取对数的底大于 1 时，$\log p_i<0$，而 $-\log p_i>0$，则得到的熵是正值。只有当随机变量是一确知量时（根据性质 2），熵才等于 0。这种非负性对于离散信源的熵而言是正确的，但对连续信源来说这一性质并不存在。

（4）扩展性。

$$\lim_{\varepsilon\to 0}H_q(p_1,p_2,\cdots,p_q-\varepsilon,\varepsilon)=H_q(p_1,p_2,\cdots,p_q) \tag{6.25}$$

本性质说明，信源消息集中的消息数增多时，若这些消息对应的概率很小（接近于 0），则信源的熵不变。

（5）可加性。

$$H(X,Y)=H(X)+H(Y) \tag{6.26}$$

统计独立信源 X 和 Y 的联合信源的熵等于各自熵之和。

（6）强可加性。

$$H(X,Y)=H(X)+H(Y|X) \tag{6.27}$$

两个互相关联的信源 X 和 Y 的联合信源的熵等于信源 X 的滴加上在 X 已知条件下信源 Y 的条件熵。

（7）递增性。

$$H_{n+m-1}(p_1,p_2,\cdots,p_{n-1},q_1,q_2,\cdots,q_m)$$
$$=H_n(p_1,p_2,\cdots,p_{n-1},p_n)+p_nH_m\left(\frac{q_1}{p_n},\frac{q_2}{p_n},\cdots,\frac{q_m}{p_n}\right) \tag{6.28}$$

其中

$$\sum_{i=1}^{n} p_i = 1 \sum_{i=1}^{m} q_i = p_n$$

这个性质表明，若原信源 X（n 种信源符号的概率分布分别为 p_1，p_2，$\cdots$，p_{n-1}，p_n）中某一符号分割为 m 个新的信源符号，且这 m 个新的信源符号的概率和等于原符号的概率，则新信源的熵增加。这是由于划分所产生的不确定性而导致熵的增加，所增加量是式（6.23）的第二项。

（8）极值性。

$$H(p_1,p_2,\cdots,p_q) \leqslant H\left(\frac{1}{q},\frac{1}{q},\cdots,\frac{1}{q}\right) = \log q \tag{6.29}$$

此性质表明，在离散信源情况下，对于具有 q 个符号的离散信源，只有在 q 个信源符号等可能出现的情况下，信源熵才能达到最大值。这也表明等概率分布信源的平均不确定性为最大。这是一个很重要的结论，称为最大离散熵定理。

（9）上凸性。熵函数 $H(P)$ 是概率矢量 $P=(p_1,p_2,\cdots,p_q)$ 的严格 $\bigcap$ 型凸函数（或称上凸函数），即对任意概率矢量 $P_1=(p_1,p_2,\cdots,p_q)$ 和 $P_2=(p_1',p_2',\cdots,p_q')$，以及任意 $0<\theta<1$ 则有

$$H[\theta P_1+(1-\theta)P_2] > \theta H P_1 + (1-\theta)H(P_2) \tag{6.30}$$

正因为熵函数具有上凸性，所以熵函数具有极值，熵函数的最大值存在。

6.3　水资源复杂系统的建模方法

6.3.1　复杂系统的模型分析方法
6.3.1.1　混沌动力学模型法 (Chaos Dynamics)
1. 混沌动力学模型

混沌是非线性动力系统所特有的一种运动形式。复杂系统是由多个相互联系的具有不同层次结构的子系统组成的大系统，了解系统各组成部分结构，需要对复杂系统建立系统模型，然后才能借助模型对系统进行定性与定量相结合的分析。非线性动力学建模理论给我们提供了描述系统动态行为和演化规律的模型，它特别适用于描述复杂系统的整体性、稳定性、适应性和演化，是研究复杂系统的主要数学建模方法。通过状态变量建立的微分方程组描述的系统常称为动力系统，可简写为

$$\frac{\mathrm{d}X_i}{\mathrm{d}t} = F_i(X_j) \quad (i,j=1,2,\cdots,N) \tag{6.31}$$

式中：X 为 N 维状态向量，$X=(X_1 \quad X_2 \quad \cdots \quad X_j)$。

若 F_i 是 X_i 非线性函数，则称式（6.31）为非线性动力系统；若 F_i 是 X_i 的混沌映射函数，则称式（6.31）为混沌动力学系统。

一般非线性方程难以得到解析解，可以得到数值解，解的形式主要有稳定定态解、周期震荡解以及混沌解、发散解。在研究非线性动力学问题过程中，将上述 N 个状态变量作为坐标构成 N 维空间，称为相空间。相空间中的一个点代表系统在 t 时刻的运动状态。

相空间中的运动轨道称为相轨道或相轨线。非线性动力系统的长时间行为在相空间中有 3 种可能的表现形式：

（1）轨道趋于一个定点，称为定态吸引子，对应于系统处于稳定状态。

（2）轨道趋于一个闭合曲线，称为周期吸引子，对应于系统处于稳定状态。

（3）在一定控制参数范围内，轨线在相空间被吸引到一个有限区域，在该区域内，既不趋于一点，也不趋于一个环，而是做无规则随机运动，该状态行为就是混沌。

2. 李雅普诺夫指数

混沌运动基本特点是对初值的敏感性。对于一个动力系统，两个很靠近的初值所产生的轨道，随时间推移按指数方式分离，李雅普诺夫指数就是定量描述这一现象的量。

设一维动力系统具有如下形式：

$$X_{n+1} = F(x_n) \tag{6.32}$$

初始两点迭代后是互相分离的还是靠拢的，关键取决于导数 $\left|\dfrac{\mathrm{d}F}{\mathrm{d}x}\right|$ 的值，若 $\left|\dfrac{\mathrm{d}F}{\mathrm{d}x}\right| > 1$，则迭代使两点分开；若 $\left|\dfrac{\mathrm{d}F}{\mathrm{d}x}\right| < 1$，则迭代使两点靠拢；若 $\left|\dfrac{\mathrm{d}F}{\mathrm{d}x}\right| = 1$，则迭代中两点距离不变。但是在不断的迭代过程中，导数的值也随之变化，使其时而分离时而靠拢。为了表示从整体上看相邻两状态分离的情况，必须对时间（或迭代次数）取平均。因此，可以设平均每次迭代所引起的指数分离中指数为 λ，于是原来相距为 ε 的两点经过 n 次迭代后相：

$$\varepsilon \mathrm{e}^{\lambda(x_0)} = \left| F^n(x_0 + \varepsilon) - F^n(x_0) \right| \tag{6.33}$$

系统初始两点迭代的距离演化变化如图 6.3 所示。

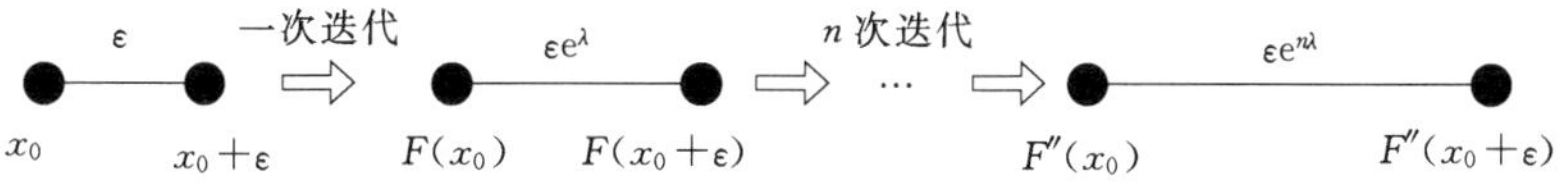

图 6.3　一维动力系统初始两点迭代的距离演化图

取极限 $\varepsilon \to 0$，$n \to \infty$，式（6.3）变为

$$\lambda = \lim_{n \to \infty} \frac{1}{n} \sum_{i=0}^{n-1} \ln \left| \frac{\mathrm{d}F^n(x)}{\mathrm{d}x} \right|_{x=x_i} \tag{6.34}$$

由前面讨论可知，若又 $\lambda < 0$，则意味相邻点最终要靠拢合并成一点，轨道收缩，对初始条件不敏感，对应于稳定的不动点和周期运动；若 $\lambda > 0$，则意味相邻点最终要分离，轨道迅速分离，对初值敏感，对应于混沌吸引子。因此，$\lambda > 0$ 可作为系统混沌行为的一个判据。对 m 维离散动力系统，可得到李雅普诺夫指数谱，将其按大小排列为

$$\lambda_1 \geqslant \lambda_2 \geqslant \lambda_3 \geqslant \cdots \geqslant \lambda_m \tag{6.35}$$

式中：λ_1 为最大李雅普诺夫指数，它决定轨道发散的快慢，若 $\lambda_1 > 0$，则系统一定是混沌的。

6.3.1.2　符号动力学方法（Symbolic Dynamics）

符号动力学，作为动力系统中拓扑理论的抽象篇章，其文献记载可以追溯到 20 世纪 30 年代。在很长的一段时间内，其只被认为是数学定理证明过程中的一种有效手段，而

鲜为工程技术人员所知，更不用说将符号动力学应用于工程实际中。然而，20世纪60年代以来，随着混沌现象的不断发现和混沌研究的日趋活跃，符号动力学被逐渐发展成为动力系统研究的重要工具。特别是"揉理论"的相继出现，使符号动力学在通信、信号测量及生物医学工程领域的应用潜能被逐渐地开发出来。下面，以Logistic映射为例，简单地介绍一下符号动力学的一些基本概念。

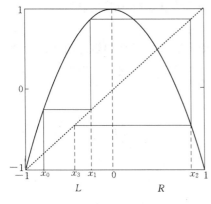

图6.4　Logistic映射
($x_{n+1}=1-\mu x_n^2$，$\mu=2$)

符号动力学的基本思想是对动力系统的粗粒化描述，是对动力系统的一种高度的概括和抽象。以一维映射为讨论对象，任取区间上一点x_0为初始点，经过多次迭代后可得一条轨道X_0，X_1，…，X_i，…，X_n，$n \rightarrow \infty$。其中（x_i，x_{i+1}）表示映射函数相空间的任一状态点。根据迭代映射的间断点、极小值点和极大值点，可将相空间划分成若干个区域，每个区域用不同的字符表示。这一区域的划分被称之为系统符号化的过程，但是这一粗粒化过程仍然保留着系统的拓扑性质。

以如图6.4所示的Logistic映射为例，映射只存在一个极大值点，且函数处处可微，以极大值点为分界点，可将映射空间分成L、R两个区域，临界点标为C。则由初值点x_0出发的一条迭代轨迹可用如下符号序列表示：

$$S = s_0 s_1 \cdots s_i \cdots s_n \quad s_i \in \{L, C, R\} \tag{6.36}$$

$$s_i = \begin{cases} L & x_i \in [-1, 0) \\ C & x_i = 0 \\ R & x_i \in (0, 1] \end{cases} \tag{6.37}$$

从符号动力学粗粒化描述的定义可知：①符号序列和轨道之间存在着一对多的对应关系，符号动力学可以认为是一种对轨道等价分类的一种方法；②符号序列只反映映射的拓扑结构，只关心其单调性，不问其具体的数值。

若将由符号序列构成的空间定义为符号空间，对于符号序列的移位操作可以定义移位算符θ：

$$\theta s_0 s_1 \cdots s_i \cdots = s_1 s_2 \cdots s_i \tag{6.38}$$

从上述符号动力学基本思想的描述中可知，符号系统是一类比较简单的动力系统，若迭代系统和符号空间之间满足拓扑共扼关系，则通过研究符号空间的动力学性质，就可以反映出其对应的动力系统特性。例如，式（6.33）所示符号序列的移位算子对应于动力系统中状态的演化经历，也就是说符号序列的移位算子和Logistic映射函数之间存在着一一对应的关系；符号空间中的状态点和系统的状态点之间也存在着一一对应的关系。根据上述的系统分划和移位操作的定义，可以说明符号空间和迭代系统满足拓扑共轭。所以，通过对符号序列的动力学分析，可以大大降低对应系统动力学分析的复杂度。

还是以上述 Logistic 迭代映射为例，介绍其符号动力学的排序规则。由式（6.37）的符号定义可知，其符号的自然序为 $L<C<R$。其中 L 代表系统的左半支，为一单调递增函数；R 代表系统的右半支，为一单调递减函数。根据映射函数的一阶微商，可将符号 L 的类型定义为"偶"，符号 R 的类型定义为"奇"，符号 C 可以认识是退化的 L，其类型定义为"偶"。于是，对于涉及两个符号组成的符号序列的排序规则为

$$LL<LR<RR<RL \tag{6.39}$$

根据符号的自然序和奇偶性，可以推广至更一般的情形讨论两串符号序列的排序问题，设存在两串符号序列 S_1、S_2，其中：

$$S_1=\prod R\cdots S_2=\prod L\cdots \prod=S_1 S_2\cdots S_i \tag{6.40}$$

$\prod$ 表示两串符号序列的公共字头。于是，两串符号序列的大小排序为

$\prod R\cdots>\prod L\cdots$，当 $\prod$ 中包含偶数个 R；

$\prod R\cdots<\prod\cdots$，当 $\prod$ 中包含奇数个 R。

有了符号序列的排序规则，就可以通过符号序列反映初值的大小。首先，符号序列和系统轨道之间存在着一对多的对应关系，而系统轨道和初值之间存在着一一对应的关系，即从任意初值出发，可以得到不同的系统轨道；其次，通过符号动力学的定义可知，符号序列能够描述系统轨道，那么符号序列可以间接的表达系统初值。所以说，符号序列的排序规则可以反映系统初值的大小。

当然，符号序列除了能对系统的初值进行排序，还可以实现系统参数的排序。在介绍符号序列系统参数排序方法之前，首先介绍一下"揉序列"。

对于 Logistic 映射来说，将 $f(c)$ 作为初始值获得的符号序列 Ks 是位移最大的序列，即对此序列进行任意次的移位操作，获得的新符号序列总是小于 Ks，"揉序列"也被称之为位移最大符号序列。若在不同的参数条件下，系统的参数与"揉序列"之间满足一一对应的关系，那么通过对不同参数条件下"揉序列"的排序性，就可以反映系统的参数大小。

综上所述，根据符号动力学的排序性，可以实现通过符号序列对于初值或系统参数的估计。虽然符号动力学是一个粗粒化的过程，但粗粒化并不代表粗糙或者不精确。恰恰相反，无穷长的符号序列能够精确的反应初值或系统参数。这也是本文研究内容的基本立足点之一。

6.3.1.3　结构解释模型法（ISM）

20 世纪 70 年代以后，解析结构模型以及其他结构模型在社会经济系统中得到了广泛的应用，如在区域环境规划和农业区划方面，在技术评估和系统诊断方面等。总之，要研究一个由大量单元组成的、各单元之间又存在着相互关系的系统，就必须了解系统的结构，一个有效的方法就是建立系统结构模型，而结构模型技术已发展到 100 余种。

解析结构模型属于静态的定性模型，它的基本理论是图论的重构理论，通过一些基本假设和图、矩阵的有关运算，可以得到可达性矩阵。然后再通过人机结合，分解可达性矩阵，使复杂系统分解成多级递阶结构形式。

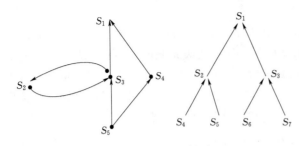

图 6.5　有向图和树图

1. 解析结构模型的相关概念

（1）结构模型的描述。结构模型就是描述系统各实体间的关系，以表示一个作为实体集合的系统模型。若用集合 $S=\{S_1,S_2,\cdots,S_n\}$ 表示实体集合，S_t 又表示实体集合中的元素（即实体），$R=\{<x,y>|W(x,y)\}$ 表示在某种关系下各实体间关系值（是否存在关系 W，可用 0、1 表示）的集合，那么集合 S 和定义在 S 上的元素关系 R 就表示了系统在关系 W 下的结构模型。记为 $\{S,R\}$。结构模型可用有向连接图或矩阵来描述，如图 6.5 所示的就是分别用有向图和树图表示的结构模型。

由图 6.5 可知，有向连接图与邻接矩阵有一一对应关系，因此结构模型可用邻接矩阵来表示。结构模型 $\{S,R\}$ 的邻接矩阵 A 可定义为：设系统实体集合 $S=\{S_1,S_2,\cdots,S_n\}$，则 $n\times n$ 矩阵 A 的元素 a_{ij} 为

$$a_{ij}=\begin{cases}1,S_i RS_j(R\text{ 表示 }S_i\text{ 与 }S_j\text{ 有关系})\\0,S_i\overline{R}S_j(\overline{R}\text{ 表示 }S_i\text{ 与 }S_j\text{ 有关系})\end{cases}$$

例如，包含 4 个实体的系统 $S=\{1,2,3,4\}$，其有向图如图 6.6 所示。

对应的邻接矩阵为

$$A=\begin{bmatrix}1&0&1&1\\0&1&1&0\\1&0&0&1\\0&0&1&0\end{bmatrix}$$

（2）邻接矩阵。邻接矩阵是布尔矩阵，它们的运算遵守布尔代数的运算法则。设 D 是由几个实体组成的系统有向图，$S=\{S_1,S_2,\cdots,S_n\}$，A 为 D 的邻接矩阵，有向图 D 和邻接矩阵 A 之间有以下特性：

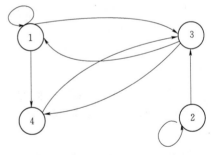

图 6.6　有向图示例

1）有向图 D 和邻接矩阵 A 一一对应。

2）邻接矩阵 A 中，如果有元素全为零的列，其所对应的节点称为源点或输入节点；如果有元素全为零的行，其所对应的节点称为汇点或输出节点。

3）如果在有向图 D 中，从 S_i 出发经过 k 条边可达到 S_j，则称 S_i 到 S_j 存在长度为 k 的通路，此时矩阵 A 的第 i 行第 j 列元素 $(i,j)=1$，否则为 0。由于弧是长度为 1 的通路，邻接矩阵 A 表示其节点间是否存在有长度为 1 的通路；A 的每一行中元素为 1 的个数，就是离开对应节点的有向边数；A 的每一列中元素为 1 的个量，就是进入该点的有向边数。

4）由矩阵 A^k 的意义可知，矩阵 A^k 表示了节点间是否存在长度等于 k 的通路。以上例的系统为例：

$$A^2 = \begin{bmatrix} 1 & 0 & 1 & 1 \\ 0 & 1 & 1 & 0 \\ 1 & 0 & 0 & 1 \\ 0 & 0 & 1 & 0 \end{bmatrix} \cdot \begin{bmatrix} 1 & 0 & 1 & 1 \\ 0 & 1 & 1 & 0 \\ 1 & 0 & 0 & 1 \\ 0 & 0 & 1 & 0 \end{bmatrix} = \begin{bmatrix} 1 & 0 & 1 & 1 \\ 1 & 1 & 1 & 1 \\ 1 & 0 & 1 & 1 \\ 1 & 0 & 0 & 1 \end{bmatrix}$$

如图 6.6 所示，D 中②到①、②到④、④到①都是可达的，并且"长度"为 2，对应的 A^2 中的元素是 1。还可以进一步计算 A^3，A^4，$\cdots$，但是我们至多计算到 A^4 就行了，因为对于一个 4 个单元组成的系统，"长度"小于等于 4。

（3）可达矩阵。有向图 $D = \{S, R\}$ 中，对于 S_i，$S_j \in S$，如果从 S_i 到 S_j 有任何一条通路存在，则称 S_i 可达 S_j。可达矩阵是用矩阵形式来描述有向连接图各节点之间经过一定长度的通路后可达到的程度。有向图 D 的可达矩阵 M 可定义为：设系统实体集合 $S = \{S_1, S_2, \cdots, S_n\}$，则 $n \times n$ 矩阵 M 的元素 m_{ij} 为

$$m_{ij} = \begin{cases} 1, & S_i \text{ 可达 } S_j \\ 0, & S_i \text{ 不可达 } S_j \end{cases}, \text{ 且 } m_{ij} = 1 \text{（即认为每个节点均自身可达）}$$

可达矩阵与邻接矩阵存在着必然的联系，可达矩阵可根据邻接矩阵计算出

$$M = \bigcup_{1=0}^{n-1} A^1 = (A \bigcup I)^{n-1} = (A \bigcup I)^n$$

在实际计算中，有时不用进行 n 次计算，就可得到可达矩阵 M。其计算步骤为

$$A_1 = A \bigcup U, A_2 = (A \bigcup I)^2, \cdots, A_{r-1} = (A \bigcup I)^{r-1}$$

$$M = A_r = A_{r-1} \neq A_{r-2} \neq \cdots A_1, r \leqslant n-1$$

或者计算

$$A \bigcup I^2, (A \bigcup I)^4, (A \bigcup I)^8, \cdots$$

如果

$$(A \bigcup I)^{2r-1} \neq (A \bigcup I)^{2r} = (A \bigcup I)^{2r+1}$$

则

$$M = (A \bigcup I)^{2r}$$

利用可达矩阵还可判断是否存在回路和构成回路的元素。在可达矩阵中，如果不同元素对应的矩阵的行和列都相同，则其有向图的这些元素构成回路。

例如

$$(I \bigcup A) = \begin{bmatrix} 1 & 0 & 1 & 1 \\ 0 & 1 & 1 & 0 \\ 1 & 0 & 1 & 1 \\ 0 & 0 & 1 & 1 \end{bmatrix}$$

$$(I \bigcup A)^4 = (I \bigcup A)^2 \cdot (I \bigcup A)^2 = \begin{bmatrix} 1 & 0 & 1 & 1 \\ 1 & 1 & 1 & 1 \\ 1 & 0 & 1 & 1 \\ 1 & 0 & 1 & 1 \end{bmatrix} = \begin{bmatrix} 1 & 0 & 1 & 1 \\ 1 & 1 & 1 & 1 \\ 1 & 0 & 1 & 1 \\ 1 & 0 & 1 & 1 \end{bmatrix} = (I \bigcup A)^2$$

则可达矩阵为

$$M = (I \cup A)^2 \begin{bmatrix} 1 & 0 & 1 & 1 \\ 1 & 1 & 1 & 1 \\ 1 & 0 & 1 & 1 \\ 1 & 0 & 1 & 1 \end{bmatrix}$$

图 6.6 的可达矩阵 M 中，元素 3 和 4 所对应的行和列都相同，则元素 3 和 4 构成了回路。

2. 结构模型的建立

建立系统结构模型的首要任务是对系统进行调查和分析，并确定组成系统的实体及其相互关系；其次是建立连接矩阵和可达矩阵；再次是依据可达矩阵明确系统的层次和结构细节。结构建模的基本步骤可分为以下 4 个阶段：

（1）选择组成系统的实体。在该阶段，首先应明确问题性质，划定问题范围，确定系统边界和系统目标。接着，进行系统调查和数据、资料的收集，在系统分析和调查的基础上，构造对应于系统总目标和环境因素约束条件的系统组成实体，能对系统的实体及其相互关系有较完整的认识和理解。在选择系统实体时，应避免把同目标无关的实体选进来，同时不能把与目标相关的实体疏忽掉，否则会使系统复杂化或达不到预期解决问题的目标。常采用的方法是发挥大家的智慧，集体共同讨论，使系统实体的选择更为准确。

（2）建立邻接矩阵和可达矩阵。由于实体之间的关系是多种多样的，在建立邻接矩阵前，需根据实际情况和系统目标确定一种关系，如可选择以下情况：S_i 是否影响 S_j；S_i 是否取决于 S_j；S_i 是否导致 S_j；S_i 是否先于 S_j 等。系统实体之间主要存在以下 4 种关系：

1）S_i 与 S_j 互有关系，邻接矩阵元素 $a_{ij}=1$，$a_{ji}=1$。

2）S_i 与 S_j 和 S_j 与 S_i 均无关系，邻接矩阵元素 $a_{ij}=0$，$a_{ji}=0$。

3）S_i 与 S_j 有关系而 S_j 与 S_i 无关系，邻接矩阵元素 $a_{ij}=1$，$a_{ji}=0$。

4）S_i 与 S_j 无关系而 S_j 与 S_i 有关系，邻接矩阵元素 $a_{ij}=0$，$a_{ji}=1$。

按照以上定义建立邻接矩阵，依据可达矩阵的计算方法得到可达矩阵。利用可达矩阵判断有向图是否存在着构成回路的元素，若有，只需在这些元素中选择其中一个，组成回路的其他元素。同时，在可达矩阵中把去掉的元素所对应的行和列删除，形成不存在回路的可达矩阵。

（3）层次级别的划分。在有向图中，对于每个元素 S_i，把 S_i 可到达的元素汇集成一个集合，称为 S_i 的可达集 $R(S_i)$，也就是可达矩阵中 S_i 对应行中所有矩阵元素为 1 的列所对应的元素集合；再把所有可能到达 S_i 的元素汇集成为一个集合，称为 S_i 的前因集 $A(S_i)$，也就是可达矩阵中 S_i 对应列中所有矩阵元素为 1 的行所对应的元素集合。即

$$R(S_i) = \{S_j \in S | m_{ij} = 1\}, A(S_i) = \{S_j \in S | m_{ji} = 1\}$$

式中：S 为全体元素的集合；m_{ij}、m_{ji} 为可达矩阵的元素。

在多层结构中（不存在回路），它的最高级元素不可能达到次高级的元素，它的可达集 $R(S_i)$ 只能是它本身，它的前因集 $A(S_i)$ 则包含它自己和可达的下级元素。如果不是最高级元素，它的可达集 $R(S_i)$ 中还有更高级元素。所以元素 S_i 为最高级元素的充要

条件是 $R(S_i) = R(S_i) \bigcap A(S_i)$。

得到最高级元素后，暂时划去可达矩阵中最高级元素的对应行和列，按上述方法，可继续寻找次高级元素，依此类推，可找到各级元素。用 L_1，L_2，…，L_k 表示层次结构中从上到下的各级。

（4）建立结构模型。

1）有了可达矩阵和层次级别的划分就可建立结构模型，过程如级别的划分结果，重新排列去除回路后的可达矩阵，可行和列对应的元素都按层次级别划分 L_1，L_2，…，L_k，从而构成新的可达矩阵。

2）根据层次级别划分 L_1，L_2，…，L_k，按级别从高到低的顺序画出每一级别中的节点，相同级别中的节点位于同一水平线上。

3）按照重新排列后的可达矩阵，画出相邻两级之间的连接，找出在两级关系分块矩阵中的 "1" 元素所对应的节点对，由下级到上级在它们之间画一根带有箭头的。

4）对于跨级的连线画法（包括跨一级和跨多级）同 "3）"，但每画一条连线前均需要判断该边是否能根据已画出的连线由传递性推出，若能则不必画出这条连线。

5）把有向图中因为构成了回路而去掉的那些元素加入到结构模型图中，并同原来保留的元素所对应的节点相连。

6.3.1.4 系统动力学方法（System Dynamics）

系统动力学（S.D）是美国麻省理工学院（MIT）教授 J.W.福斯特提出来的一种计算机仿真技术。系统动力学综合应用控制论、决策论等有关理论和方法，建立 S.D 模型。并以计算机为工具进行仿真试验，以便获得所需信息来分析和研究系统的结构和动态行为，为正确进行科学决策提供可靠的依据。

1. 系统动力学的研究对象

系统动力学的研究对象主要是社会系统。社会系统的范围是十分广泛的，概括地说，凡涉及人类社会和经济活动的系统都属于社会系统。除企业、事业、宗教团体是社会系统外，环境系统、人口系统、教育系统、资源系统、能源系统、经营管理系统等都属于社会系统。社会系统的核心是由个人或集团形成的组织，而组织的基本特征是具有明确的目的。

社会系统的基本特性是自律性和非线性。所谓自律性，就是自己做主进行决策，自我控制、管理、协调和约束自身行为的能力。社会系统的自律性可以用反馈机构加以解释，并且社会系统中的原因和结果的相互作用本身就具有自律性。所谓非线性，是指社会现象中原因和结果所呈现的极端非线性关系，这是社会系统的又一基本特性。具体地说，社会系统中的原因和结果两者在时间上和空间上具有分离性（滞后性），所出现的事件往往具有随机性，且是不可控制的。

系统动力学作为一种仿真技术具有如下特点。

（1）应用系统动力学研究社会系统，能够容纳大量变量，一般可达数千个以上，而这恰好符合社会系统的需要。

（2）系统动力学模型，既有描述系统各要素之间因果关系的结构模型，以此来认识和把握系统结构；又有用专门形式表示的数学模型，据此进行仿真试验和计算，以掌握系统未来的行为。因此，系统动力学是一种定性分析和定量分析相结合的仿真技术。

（3）系统动力学的仿真试验能起到实际系统实验室的作用。通过人机结合，既能发挥人（系统分析人员和决策人员）对社会系统了解、分析、推理、评价、创造等能力的优势，又能利用计算机高速计算和迅速跟踪等功能，以此来试验和剖析实际系统，从而能获得丰富而深化的信息，为选择满意或最优的决策提供有力的依据。

（4）系统动力学通过模型进行仿真计算的结果，都采用预测未来一定时期内各种变量随时间而变化的曲线来表示，也就是说，系统动力学能处理高阶次、非线性、多重反馈的复杂时变的社会系统的有关问题。

2. 系统动力学建模的基本步骤

（1）明确构建系统动力学模型的目的。一般说来，系统动力学构建模型的目的在于研究系统有关问题。例如，预测系统内部的反馈结构及其动态行为，以便为进一步确定系统结构和设计最佳运行参数，以及制订合理的政策等提供科学依据。当然，在涉及具体对象系统时，还要根据具体要求最终确定仿真建模的目的。

（2）确定系统边界。系统动力学研究的是封闭社会系统，因此，在明确系统建模目的后，接着就要确定系统边界。这是因为系统动力学所分析的系统行为是基于系统内部种种因素而产生的，并假定系统外部因素不给系统行为以本质的影响，也不受系统内部因素的控制。

（3）因果关系分析。确定了系统边界后，要对系统内部的因素进行因果关系的分析，以明确在要素之间的因果关系，并用表示因果关系的反馈回路来描述。这是系统动力学建模至关重要的一步，要求系统分析人员正确地制订各要素间的因果关系反馈回路。

（4）建模。系统动力学模型包括两个部分：

1）流程图。流程图是根据因果关系的反馈回路，应用专门设计的描述各种变量的符号绘制而成的。由于社会系统的复杂性，以致无法只凭语言和文字对系统的结构和行为作出准确的描述，而用数学方程也不能清晰地描述反馈回路的机理。为了便于掌握社会系统的结构及其行为的动态特性，也为了便于人们进行关于系统特性的讨论与沟通，专门设计了流程图这种图像模型。

2）结构方程式。流程图虽然可以简明地描述社会系统各要素之间的因果关系和系统结构，但不能显示系统各变量之间的定量关系。因此，仅仅依据它还不能进行定量分析。而结构方程式是专门用来进行定量分析的数学模型，它是用专门的 SYNAMO 语言建立的。

（5）计算机仿真试验。根据 DYNAMO 语言建立的结构方程在计算机上进行仿真计算。

（6）结果分析。为了解仿真结果是否已达到预期的目的，或者为了检验系统结构是否有缺陷，为此，必须要对此结果进行分析。

（7）模型的修正。根据结果分析对系统模型进行修正，其内容包括：修正系统结构、运行参数、策略或重新确定系统边界等，以便使模型能更真实地反映实际系统的行为。

6.3.1.5 复杂适应系统方法 （Complex Adaptive System）

霍兰认为 CAS 由大量的具有主动性的元素组成。他借用了计算机科学和经济学中的

"行动主体"（Agent）一词说明具有主动性的元素（Active Elements），称之为"适应性行动主体"（Adaptive Agent，为简便起见，后面译成"适应性主体"）。因此，他将 CAS 看成是由用规则描述的、相互作用的适应性主体组成的系统。适应性主体具有聚集行为，即诸多适应性主体相互结合、相互作用而成为具有突现性质的新的元行动者（Meta - Agents）。较为简单的适应性主体的聚集，突现出复杂的大尺度（Large - Scale）行为，即聚集行为（Aggregate Behavior）。

例如，蚂蚁聚集产生蚁巢群体，它有自己的聚集行为；个人聚合产生社团、社会，它有自己的社会性行为；聚集的特点就是有"壮观的突现现象"。

另一个典型的例证是生态系统，它包含众多不同物种的生物体，这些生物体就是适应性主体。在和它们共享的自然环境相互作用的同时，竞争着、或者协作着，呈现出绚丽多彩的相互作用及其后果，如共生、寄生、拟态等。在复杂的生态系统中，物质能量和信息等结合在一起循环反复，再次应验了"整体大于部分之和"。

1. 主要特点

CAS 理论的核心思想是"适应性造就复杂性"（图 6.7），具有十分重要的认识论意义。可以说，这是人们在系统运动和演化规律的认识方面的一个飞跃。这一点可以从以下 4 个方面加以说明。

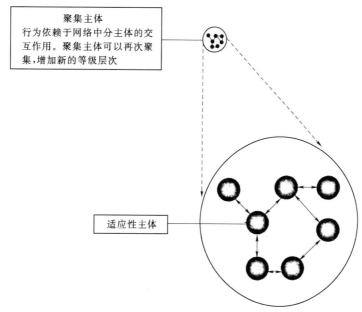

图 6.7　CAS 图式

（1）主体是主动的、活的实体。这点是 CAS 和其他建模方法的关键区别。这个特点使得它能够有效地应用于经济、社会、生态等其他方法难以应用的复杂系统中。这里所说的主动性或适应性，是一个十分广泛的、抽象的概念。它并不一定就是生物学意义上"活"的意思。只要是个体能够在与其他个体的交互中，表现出随着得到的信息不通，而对自身结构和行为方式进行不通的变更，就可以认为它具有主动性或适应性。适应的目的是生存或发展。这样，关于"目的"的问题，也可以在这里得到比较合理的理解和解释，而不至于走到神学那里去。

（2）个体与环境（包括个体之间）的相互影响和相互作用，是系统演变和进化的主要动力。以往的建模方法往往把个体本身的内部属性放在主要位置，而没有把个体之间，以及个体与环境之间的相互作用给予足够的重视。这个特点使得 CAS 方法能够运用于个体本身属性极不相同，但相互关系却有许多共同点的不同领域。

（3）把宏观和微观有机地联系起来。它通过主体和环境的相互作用，使得主体的变化成为整个系统变化的基础，统一地加以考察。

极端的还原论观点把宏观现象的原因简单地归结为微观，否认从微观到宏观存在质的增加。另一种普遍的观点是：把统计方法当成从微观向宏观跨越的唯一途径或唯一手段。应当承认，基于概率论的统计方法确实是从微观到宏观的重要桥梁之一。然而，问题在于，这是不是反映宏观和微观关系的唯一方法？曾有人做过这样的计算：如果地球上的有机物只是由于按照统计规律的偶然结合而产生的话，那么，从地球诞生到今天，连第一个蛋白质分子都还没有产生！显然，除了统计规律以外，一定还存在其他的机制或渠道，它们同样也建立起微观与宏观之间的联系。CAS 在这方面提供了一条新的思路。

如果个体没有主动性（比如气体中的分子），那么它们的运动和相互关系的确只要用统计方法加以处理即可。支配这样的系统，确实主要是统计规律。然而，如果个体是"活的"，有主动性和适应性，以前的经历会"固化"到它的内部。那么，它的运动和变化，就不再是一般的统计方法所能描述的。例如前面讲到的分化过程，显然就不是只靠统计方法能加以说明的。

（4）引进了随机因素的作用，使它具有更强的描述和表达能力。考虑随机因素并不是 CAS 理论所独有的特征。然而，CAS 理论处理随机因素的方法是很特别的。简单来说，它从生物界的许多现象中吸取了有益的启示，其集中表现为遗传算法。

2. 主体的适应和学习

为了描述主体如何适应和学习，霍兰提出建立主体基本行为模型，包括如下 3 个方面的内容。

（1）执行系统模型。执行系统就是基于规则描述主体行为的最基本模式，最简单的一类规则为 IF（条件为真）/THEN（执行动作），即刺激—反应模型。通常，群型由 3 个部分组成：探测器、IF/THEN 规则和效应器。对于实际 CAS 来说，描述与主体有关信息输入和输出的规则并不如此简单，而是一个规则系统。其中，有些规则作用于其他规则发出的信息；有些规则通过主体的效应器，发出作用于环境的信息；还有些规则发出激活其他规则的信息等。

（2）确立信用分派机制。为了进一步描述主体能力，必须对上述规则系统中的规则进行比较和选择，以便确定主体获得经验时改变系统行为的方式。这里，信用分派将向系统提供评价和比较规则的机制。"竞争"是信用分派的基础，对于每个规则分派都有一个"竞争"的特定数值，被称为强度或适应度。修改强度的过程谓之信用学派。每次应用规则后，个体将根据应用结果来修改强度，即适应度确认与修改，这实际上就是"学习"或"积累经验"。随着经验的积累，加入竞争的更为具体的例外规则将不断修改内部模型，从而提高个体适应环境的能力。

（3）新规则发现或产生。寻找新规则最直接的方法是利用规则中选定位置上的值作为潜在的积木。对于非线性问题，霍兰提出必须允许可以在字符串的多个位置上使用积木，即允许一个积木包揽 3 个位置。

值得指出的是，遗传算法利用交换和突变可以进一步创造出新规则。在微观层次上，遗传算法是 CAS 理论的基础。

6.3.2　复杂系统的数值计算方法

6.3.2.1　遗传算法

遗传算法（Genetic Algorithm，简称 GAS）是模拟生物在自然环境中的遗传和进化过程而形成的一种自适应全局优化概率搜索算法。它最早是由美国 Michigan 大学的 Holland 教授提出，起源于 20 世纪 60 年代对自然和人工自适应系统的研究。遗传算法使用群体搜索技术，它通过对当前群体运用选择、交叉、变异等一系列遗传操作，从而产生新的一代群体，并逐步使群体进化到包含或接近最优解的状态。

遗传算法具有思想简单、易于实现、应用效果明显等优点，特别是对于一些大型、复杂非线性系统，它表现出了比其他传统优化方法更加独特和优越的性能，使得在自适应控制、组合优化、管理决策等领域得到了广泛的应用。遗传算法已成为在实际的生产课题中求解非线性规划的一种有效的算法。

1. 遗传算法的基本原理

遗传算法是模拟 Darwin 的自然选择学说和 Mendel 的遗传学说的一种计算模型。Darwin 的进化论认为，生物在其延续生存中，都是逐渐地适应于其生存环境。物种的每个个体的基本特征被后代所继承（称为遗传），但后代又不完全同于父代，这些新的变化，若适应环境，则被保留下来，也是那些更能适应环境的个体特征能被保留下来，这就是优胜劣汰的原理。Mendel 的遗传学说认为，遗传是作为一种指令遗传码封装在每个细胞中，并以基因的形式包含在染色体中，每个基因有其特殊的位置并控制着某种特殊的性质，每个基因产生的个体对环境有一定的适应性，基因的杂交和基因突变可能产生对环境适应性强的后代，通过优胜劣汰的自然选择，适应值高的基因结构就保存下来，而适应值低的则被淘汰。

遗传算法模拟生物的进化过程，通过自然选择、遗传、变异等作用机制，实现各个个体的适应性的提高。与自然界相似，遗传算法对求解问题的本身一无所知，它所需要的仅是对算法所产生的每个染色体进行评价，把问题的解表示成染色体，并基于适应值来选择染色体，使适应性好的染色体有更多的繁殖机会。并且，在执行遗传算法之前，给出一群染色体，也即是假设解。然后，把这些假设解置于问题的"环境"中，也即一个适应度函数来评价。并按适者生存的原则，从中选择出较适应环境的染色体进行复制，淘汰低适应度的个体；再通过交叉、变异过程产生更适应环境的新一代染色体群。对这个新种群进行下一轮进化，直到最适合环境的值。

考虑一个求函数极大值的优化问题，其数学模型为

$$\max f(x)$$
$$s.t.\ x \in R \tag{6.41}$$

式中：$x = (x_1, x_2, \cdots, x_n)^T$ 为决策变量；$f(x)$ 为目标函数；R 为决策变量的可行解集合，也称为可行域。

遗传算法中，将 n 维决策变量 $x=(x_1,x_2,\cdots,x_n)^T$ 用 n 个记号 $X_i(i=1,2,\cdots,n)$ 所组成的符号串 X 来表示：

$$X=X_1X_2\cdots X_n \Rightarrow x=(x_1,x_2,\cdots,x_n)^T \tag{6.42}$$

在式（6.42）中，X_i 与 x_i 是一一对应的。把每一个 X_i 看作一个遗传基因，它的所有可能取值称为等位基因，X 被称为是由 n 个遗传基因所组成的一个染色体。根据不同的情况，这里的等位基因可以是一组证书，也可以是某一范围内的实数，或者是纯粹的一个记号。最简单的等位基因是由 0 和 1 这两个整数组成，相应的染色体就可以表示为一个二进制符号串（称为二进制编码）。这种编码所形成的符号串 X 是个体的基因型，与它对应的解 x 是个体的表现型。染色体 X 也称为个体 X，对于每一个个体 X，按照一定的规划确定出其适应度。个体的适应度与其对应的个体表现型 X 的目标函数值相关联，X 越接近于目标函数的最优值，其适应度越大；反之，其适应度越小。

遗传算法中，决策变量 x 的可行域组成了问题的解空间。对问题最优解的搜索是通过对染色体 X 的搜索过程来进行的，从而由所有的染色体 X 就组成了问题的搜索空间。

遗传算法的运算对象是由 M 个个体 X 组成的集合，称为种群。与生物一代一代的自然进化过程类似，遗传算法的运算过程也是一个反复迭代过程，第 t 代种群记作 $P(t)$，经过一代遗传和进化后，得到第 $t+1$ 代种群 $P(t+1)$（同样具有 M 个个体）。代与代之间的进化通过选择、交叉和变异等遗传算子操作进行。这个过程将导致种群像自然进化一样的后生代种群比前代更加适应于环境（代表目标函数的优化方向），末代种群中的最优个体经过解码，可以作为问题近似最优解。

2. 遗传算子

遗传算法中的遗传算子包括选择、交叉和变异。

选择（Selection）：根据各个个体的适应度，按照一定的规则或方法，从上一代种群中选择一些优良的个体遗传到下一代种群中。

交叉（Crossover）：将种群内的各个体两两随机配对，对每一对配对个体，以某个概率（称为交叉概率）交换它们之间的部分染色体。

变异（Mutation）：对群体中的每一个个体，以某个概率（称为变异概率）改变某一个或某一些基因座上的基因值为其他的等位基因。

遗传算法的运算过程如图 6.8 所示。

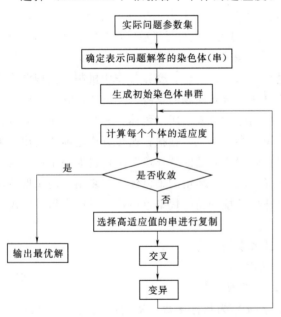

图 6.8　遗传算法的流程图

6.3.2.2　演化计算方法

1. 演化算法概述

演化算法（Evolutionary Algorithms，EA）是一类仿效自然界演化规律建立的一种自适应全局搜索的概率优化算法，它通过维持潜在解种群，适者生存，逐代演化，并行搜索最优点，以其通用性高、鲁棒性强、适于并行处理和应用范围广等显著特点，奠定了复杂性智能优化方法之一的地位。演化算法包括 3 个分支，即遗传算法（Genetic Algorithms，GA）、演化规划（Evolutionary Programming，EP）和演化策略（Evolution Strategies，ES）3 种。遗传算法由美国 Michigan 大学的 Holland 教授于 20 世纪 60 年代初建，后来，Goldberg. D. E 系统建立了其数学理论，并得到了广泛应用；演化规划最早由美国科学家 Fogel. L. J、Owens 和 Walsh 等提出，最近 Fogel. D. B 作了更进一步的完善；演化策略由德国科学家 Rechenberg 和 Schwefel 创建；三者分别强调所模拟的自然选择的不同方面，因而性能各有所长。遗传算法通过维持一个潜在解种群执行了多方面的搜索并支持这些方向上的信息构成和交换，种群经历一个模拟演化的过程选择较优的信息保留到下一代的种群中，优化性能突出，能有效应用于智能控制、优化调度、参数优化等领域。演化规划则更强调个体行为，侧重于种群层次的进化，性能的改进主要通过变异，并通过概率竞争获取优胜信息以进入下一代种群，收敛性能突出，在人工神经网络训练和自动建模等方面取得成功。演化策略侧重个体的行为变化以及父代与子代的行为联系，以个体变异行为的偏差作为其自适应变换的依据，是专门针对各种可变参数的数值优化问题开发的，兼顾优化与收敛性能，在数值优化领域、结构优化和系统模式识别具有独特的优势。

演化算法在求解多目标优化问题上也显示出广泛的应用前景。在国外，SPEA2，NS-GA2 和 M－PAES 是多目标演化算法公认比较成熟的代表，国内也有 MOCEA 等。它们都试图搜索得到一个逼近最优、高扩展性、高均匀性的 Pareto 前沿线。但是，由于演化算法属于一种离散型逼近算法，得到的 Pareto 前沿线在一定程度上依赖于多目标优化问题的内在特征，因此，如何进一步提高算法的鲁棒性（Robusticity）和 Pareto 前沿线的质量（非支配集的精度 Proximity 和分布 Diversity）仍是前沿研究热点之一。

复杂性是水资源系统的重要特征，许多水科学问题往往表现为高维、多峰值、非线性、不连续、带噪声等复杂特征，对这种问题的优化求解直接影响到水科学理论转化为生产力这一隐形价值的实现及其实现程度，同时也将关系到进一步推动水科学理论的深入发展。但是，许多水问题的复杂程度已超越了传统优化方法的处理能力，长期以来，始终吸引着众多水科学家为之而苦苦探索，演化算法便是其重要途径之一。国内外对演化算法主要是遗传算法在水资源系统分析和优化配置领域的研究成果较多。方红远、董增川（2001）提出了适合水资源系统运行决策的多目标决策遗传算法，该算法在每一代种群更新过程中能产生满足决策指标的权衡解。沈军（2002）等将水资源优化配置问题模拟为生物进化问题，通过判断每一代个体的优化程度进行优胜劣汰，从而产生新一代，如此反复迭代完成水资源优化配置。贺北方（2002）等建立了区域水资源优化配置模型，研究了多目标遗传算法在区域水资源二级递阶优化模型中的应用。赵建世（2003）应用复杂适应系统（CAS）原理与方法，构架了水资源配置系统分析模型，提出了嵌套遗传算法。游进军（2003）等提出一种基于目标序列的排序矩阵评价个体适应度的多目标遗传算法，可有效控制非劣解集的替换选取过程，应用于供水和发电综合利用水库的多目标调度。Prasad（2004）等提出了水资源供水网络的多目标遗传算法，最后结果为较大范围内的非劣解。

刑贞相（2005）等建立了供水量利用率最大化模型，并提出了改进实码加速遗传算法。

研究实践表明，演化算法在解决复杂性水科学问题方面具有广阔的前景，但是目前的研究仅局限于遗传算法，对初始开发用于解决数值优化问题的演化策略在复杂性水科学问题方面的研究却尚未多见。受演化策略在其他自然科学领域得到成功应用的鼓励和启发，本书研究演化策略、多目标演化策略及其在水资源多目标优化配置整体模型求解中的应用无疑具有理论和现实意义。

2. 演化策略原理

Darwin 的进化论学说认为"物竞天择，适者生存（Natural Selection and Survival of the Fittest）"。在生存斗争中，最适合环境的个体容易存活，并且有更多的机会将有利基因传给后代；否则就容易被淘汰，产生后代的机会也相对少得多。Mendel 遗传定律揭示了遗传因子从父代到子代转移的基本原理，遗传（Inheritance）和变异（Mutation）是决定生物进化的内在因素。遗传系指父代与子代之间在性状上存在的相似现象；变异系指父代与子代之间，以及子代的个体之间，在性状上或多或少存在的差异现象。遗传使生物的性状不断地传送给后代，保持了物种的特性；变异使生物的性状发生改变，保持了物种的多样性，从而适应新的环境而不断地向前发展。

据现代细胞学和遗传学的研究得知，遗传物质的主要载体是染色体（Chromosome），基因（Gene）是染色体中具有遗传效应的片段，它储存着遗传信息，可以准确地复制（Reproduction），也能够发生变异。生物体自身通过对基因的复制，选择和控制其性状的遗传，同时通过基因重组、基因变异和染色体结构变异产生下一代。基因变异和染色体结构变异是生物能够适应环境而得以生存演化的最主要原因。演化策略正是看中变异的重要性，在演化操作中只使用了变异算子。

演化策略最早由德国科学家 Rechenberg 和 Schaeffer 在求解各种连续可变参数的优化问题时创建的，最初是基于一个个体组成的种群，个体被表达为一对浮点值向量，即 $v=(x,\sigma)$，其中 x 表示搜索空间的一个点，σ 是标准偏差向量，在演化过程中只使用变异算子，且变异是通过对 x 的替换实现，这种演化策略被称为"两成员"演化策略（因为在一次选择中是子个体与父个体一起进行竞争），记为 $(1+1)$-ES。演化策略的运算过程如图 6.9 所示。

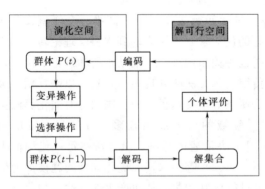

图 6.9　演化策略运算过程示意图

后来，演化策略进一步发展成熟变为 $(\mu+\lambda)$-ES 和 (μ,λ)-ES。在 $(\mu+\lambda)$-ES 中，μ 个个体生成 λ 个子个体，中间种群由 $(\mu+\lambda)$ 个体组成，通过在其中选择 μ 个优胜个体形成下一代种群。而在 (μ,λ)-ES 中，μ 个个体生成 λ（$\lambda>\mu$）个子个体，选择过程只从 λ 个子个体中选择 μ 个优胜个体形成下一代种群，即每个个体的生命被限制在一代里。相比而言，(μ,λ)-ES 对随时间移动或目标函数是带噪声的最优化问题执行效果更好。

Rechenberg（1973）从数学理论证明了演化策略的收敛问题，并对收敛率优化建议一个"1/5 成功法则"。不失一般性，记 $f_{\min}(-\infty < f_{\min} < +\infty)$ 为某最小化问题的最优解，则有以下定理。

定理 6.1　（演化策略收敛定理）对规则优化问题，目标函数 $f(\cdot)$ 连续，S 为有界闭集，且对任意 $t > 0$，标准偏差向量 $\sigma(t) > 0$，存在

$$P\{\lim_{t \to \infty} f[x(t), \sigma(t)] = f_{\min}\} = 1 \tag{6.43}$$

定理的详细证明过程从略。定理 6.1 指出，对满足条件的优化问题，演化策略以概率 1 收敛到全局最优解，换言之，经过充分长的搜索时间，全局最优解将以概率 1 被找到。此外，为了改进演化策略的收敛性，Schwefel（1981）引入另外一个控制参数 θ，即个体被表达成 $v = (x, \sigma, \theta)$，这种新的控制校正变异，使得搜索始终沿着系统坐标轴方向。

演化策略在很多自然科学优化问题的应用中取得了成功和广泛应用，本文尝试将演化策略方法应用于水资源多目标优化配置整体模型的求解。根据目标函数形式、约束条件形式和模型复杂程度等特征，以 (μ, λ)-ES 为基础，开发了相应的多目标版本，称之为可变外部存储多目标演化策略（Dynamic Archive Evolution Strategy，DAES），仍然具有演化策略标志性特征的 μ 和 λ 参数。但与其他多目标演化算法不同，DAES 采用一个容量可变化的外部存储集以保存演化过程中搜索到的精英个体或次精英个体，并通过外部存储集添加规则和外部存储集减少规则维护该存储集；采用由不连续重组算子、Gauss 变异算子和 Cauchy 变异算子最优组合算子；采用完全非支配选择机制和基于种群多样性指标的适应值分配方式以保证种群的精度和多样性。

6.4　实　例　研　究

6.4.1　实例背景

某梯级水库群由 3 个水库串联组成的，其系统概化图如图 6.10 所示。该系统中，水库 1 和水库 2 具有防洪和发电的功能，而水库 3 有防洪、灌溉、城市及工业供水、发电等综合利用功能。这 3 个水库的有关参数见表 6.5。

图 6.10　某梯级系统概化图

表 6.5	各水库的有关参数		
参　数	水库 1	水库 2	水库 3
死库容/（$\times 10^6$ m³）	269.8	1177	1886
总库容/（$\times 10^6$ m³）	879.1	1973	2970
装机容量/（$\times 10^6$ W）	700	500	150
发电机组最大引用流量/（m³/s）	220	540	270
溢洪道最大下泄流量/（m³/s）	2400	2600	3000

（1）水库来水量。根据历史资料，该梯级入流在年内分配不均，呈季节性变化。其中10月—次年3月为雨季，入流相对较多；4—7月为枯水季节，入流相对较少。在平水年这3个水库的入流见表6.6。

（2）用水量。根据该梯级的实际，城市及工业用水量相对于灌溉用水量而言，比重较小。因此将城市及工业用水与灌溉用水合并来考虑，见表6.7。

表 6.6 各水库平水年入库流量 单位：m^3/s

月 份	水库1	水库2	水库3
10	41.70	34.3	21.4
11	81.66	67.5	34.2
12	110.00	90.0	28.7
1	132.20	98.2	42.8
2	134.30	110.0	39.4
3	126.40	103.0	50.9
4	125.90	104.0	30.0
5	90.66	73.3	20.0
6	63.92	51.4	15.8
7	35.62	28.9	20.2
8	24.38	20.1	12.6
9	20.31	16.3	0
平均入库流量	82.25	66.42	26.33

表 6.7 需梯级水库群供水量 单位：$\times 10^6 m^3$

月份	需供水量	月份	需供水量
10	120.34	4	101.96
11	160.09	5	134.16
12	93.45	6	194.57
1	74.98	7	164.06
2	63.99	8	59.08
3	81.06	9	35.48

为寻求水资源的合理利用，需对这3个水库进行统一调度，以获得最大的效益。

6.4.2 梯级水库群调度的数学模型

1. 目标函数

该梯级系统有防洪、城市及工业供水、灌溉、发电4个用途。在保证安全度汛的条件下，该系统的各功能中，城市及工业供水优先序最高，其次为灌溉，最后为发电。防洪目标主要在水库的运行参数中控制，在优化调度中作为约束条件处理。将城市工业供水及灌溉用水合并后，可只考虑灌溉和发电的目标。由于相对于发电而言，灌溉收益很低，故可认为该系统的主要经济来源为发电收益。因此，在确定 i 水电站 t 时段的发电引水流量 Q_{it}、通过溢洪道的下泄流量 $W_{i,t}$（m^3/s）、水库的库容 $S_{i,t}$ 为模型的决策变量之后，系统的目标可确定为在满足防洪和灌溉用水的条件下，使发电效益最大。即

$$\max Z = Z_1 + Z_2 + Z_3 \tag{6.44}$$

式中：Z 为梯级水电站在计算期内的总发电量，$kW \cdot h$；Z_i 为水电站 i 在计算期内的总发电量，$kW \cdot h$。

i 水电站 t 时段的发电量一般为引水流量 Q_{it} 和水头 H_{it} 的非线性函数：

$$Z_i = \sum P_{it} = \sum 0.981 \eta_i Q_{it} H_{it} \times 24 d_t \tag{6.45}$$

式中：P_{it} 为 i 水电站 t 时段的出力；η_i 为 i 水电站发电机的效率常数；Q_{it} 为 i 水电站 t 时段的引水流量，m^3/s；d_t 为时段 t 的总天数；H_{it} 为 i 水电站 t 时段的水头，它为上下游水位之差，可表示为 i 水库 t 时段初的库容 S_{it}（$10^6 m^3$）的函数。

本系统利用回归分析，得各水库的出力函数为

$$Z_1 = 9.125 \sum Q_{1t} (616.023 e^{0.0000516 S_{1t}} - 279.405) \times 24 d_t \tag{6.46}$$

$$Z_2 = 8.175 \sum Q_{2t} (185.023 e^{0.000089 S_{2t}} - 99.995) \times 24 d_t \tag{6.47}$$

$$Z_3 = 9.761 \sum Q_{3t} (0.5635 + 0.00365 \times 72.608 e^{0.000089 S_{3t}} - 27.495)$$
$$\times (72.608 e^{0.000089 S_{3t}} - 27.495) \times 24 d_t \tag{6.48}$$

2. 约束条件

（1）水库水量平衡约束。

水库 1 水量平衡方程：

$$S_{1,t+1} = S_{1,t} + I_{1,t} - k(Q_{1,t} + W_{1,t}) \quad t = 1, 2, \cdots, T \tag{6.49}$$

水库 2 水量平衡方程：

$$S_{2,t+1} = S_{2,t} + I_{2,t} + k(Q_{1,t} + W_{1,t}) - k(Q_{2,t} + W_{2,t}) \quad t = 1, 2, \cdots, T \tag{6.50}$$

水库 3 水量平衡方程：

$$S_{3,t+1} = S_{3,t} + I_{3,t} + k(Q_{2,t} + W_{2,t}) - k(Q_{3,t} + W_{3,t}) \quad t = 1, 2, \cdots, T \tag{6.51}$$

式中：$k = 3600 \times 24 d_t$ 为流量与水量的转换系数；$W_{i,t}$、$I_{i,t}$ 分别为 i 水库 t 时段通过溢洪道的下泄流量（m^3/s）和天然入流量（m^3）；其他符号意义同前。

（2）水电站最小出力约束。

$$P_{1,t} \geqslant 107.1 \times 10^6 kW \cdot h \tag{6.52}$$

$$P_{2,t} \geqslant 62.2 \times 10^6 kW \cdot h \tag{6.53}$$

$$P_{3,t} \geqslant 51.2 \times 10^6 kW \cdot h \tag{6.54}$$

（3）水电站水库库容（水位）约束。

$$S_{\min,i,t} \leqslant S_{i,t} \leqslant S_{\max,i,t} \tag{6.55}$$

式中：$S_{\min,i,t}$ 为 i 水电站水库 t 时刻的库容下限，一般为死库容，$10^6 m^3$；$S_{\max,i,t}$ 为 i 水电站水库 t 时刻的库容上限，一般为兴利库容，$10^6 m^3$。

该参数见表 6.5。

（4）水电站发电引用流量约束。

$$Q_{\min,i,t} \leqslant Q_{i,t} \leqslant Q_{\max,i,t} \tag{6.56}$$

式中：$Q_{\max,i,t}$、$Q_{\min,i,t}$ 分别为 i 电站 t 时段的机组最大、最小过水能力，m^3/s，其中最大过水能力参数见表 6.5，$Q_{\min,i,t}$ 一般为 0。

（5）溢洪道下泄水量约束。

$$W_{\min,i,t} \leqslant W_{i,t} \leqslant W_{\max,i,t} \tag{6.57}$$

式中：$W_{\max,i,t}$、$W_{\min,i,t}$ 分别为 i 水库 t 时段溢洪道的最大、最小泄水流量，m^3/s，其中 $W_{\max,i,t}$ 的值见表 6.5，$W_{\min,i,t}$ 一般为 0。

由于该梯级系统的发电用水能与下游灌溉及城市用水相结合，因此在 $Q_{i,t} < Q_{\max,i,t}$ 时，$W_{i,t}=0$；而当 $Q_{i,t}=Q_{\max,i,t}$ 时，$W_{i,t} \geqslant 0$。

（6）用水量约束。

$$k(Q_{3,t}+W_{3,t}) \geqslant D_t \tag{6.58}$$

式中：D_t 为 t 时段合并的用水量，$10^6\,\text{m}^3$，该参数见表 6.7。

（7）防洪限制水位约束。

$$ZD_{i,t} \leqslant ZD_i \tag{6.59}$$

式中：$ZD_{i,t}$ 为 i 水库 t 时刻的库水位；ZD_i 为 i 水库的防洪限制水位。

（8）所有决策变量非负。

$$Q_{i,t},W_{i,t},S_{i,t} \geqslant 0 \quad i=1,2,3 \quad t=1,\cdots,T \tag{6.60}$$

（9）边界条件。

$$S_{1,1}=500, S_{1,T+1}=500 \tag{6.61}$$

$$S_{2,1}=1500, S_{2,T+1}=1600 \tag{6.62}$$

$$S_{3,1}=2200, S_{3,T+1}=2200 \tag{6.63}$$

式（6.44）～式（6.63）构成了梯级系统水资源优化调度的数学模型。

6.4.3 对约束条件的处理

该水库群调度模型构成了一个有约束的非线性规划，其中目标函数具有高度非线性的特点，约束条件主要是线性约束。对于非界限约束，现有的一些文献主要通过罚函数法来解决。然而，有研究通过大量的试验，证明罚函数法对解决线性约束效果很差。根据水资源系统水量平衡方程的特点，有研究提出一种解决以水量平衡方程为主要线性约束的方法。

1. 水量平衡方程的处理

本书对线性约束的处理，主要通过初始种群生成和变异算子的构造来实现。下面以水库 1 的水量平衡方程为例来说明本方法的具体做法。

考虑水库 1 在时段 1 的水量平衡方程：

$$S_{1,2}=S_{1,1}+I_{1,1}-k(Q_{1,1}+W_{1,1}) \tag{6.64}$$

式中：$S_{1,1}$ 为边界条件，为一常数。

在初始种群生成时，根据 $S_{1,2}$ 的边界约束 $S_{\min,1,2} \leqslant S_{1,2} \leqslant S_{\max,1,2}$，可确定 $Q_{1,1}$ 和 $W_{1,1}$

的取值范围。不妨设先生成 $Q_{1,1}$，此时先不考虑 $W_{1,1}$ 的取值，则 $Q_{1,1}$ 的取值范围可通过下式确定：

上界：
$$\min\{Q_{\max,1,1},(-S_{\min,1,2}+S_{1,0}+I_{1,1})/k\} \tag{6.65}$$

下界：
$$\max\{Q_{\min,1,1},(-S_{\max,1,2}+S_{1,0}+I_{1,1})/k\} \tag{6.66}$$

然后在该区间范围内随机生成 $Q_{1,1}^{(1)}$，得到 $Q_{1,1}$ 的一个初始值。然后生成 $W_{1,1}$，$W_{1,1}$ 的取值范围通过下式确定：

上界：
$$\min\{W_{\max,1,1},(-S_{\min,1,2}+S_{1,1}+I_{1,1})/k-Q_{1,1}^{(1)}\} \tag{6.67}$$

下界：
$$\max\{W_{\min,1,1},(-S_{\max,1,2}+S_{1,1}+I_{1,1})/k-Q_{1,1}^{(1)}\} \tag{6.68}$$

然后在该区间范围内随机生成 $W_{1,1}^{(1)}$。

在获得 $Q_{1,1}$ 和 $W_{1,1}$ 的初始值后，再利用式（6.64）来确定 $S_{1,1}$ 的值，即

$$S_{1,2}^{(1)}=S_{1,1}+I_{1,1}-k[Q_{1,1}^{(1)}+W_{1,1}^{(1)}] \tag{6.69}$$

对其他变量，采用上述相同的方法，可获得初始种群。该初始种群满足所有的水量平衡方程，以及有关的变量上下限约束，使得初始种群中的每一个个体都是等式约束的可行解，从而加速算法收敛。

2. 遗传算子的选择

对遗传算法的 3 个基本算子，其中选择算子采用联赛方式；交叉算子采用算术交叉，可以证明：经过算术交叉的种群仍然满足所有的线性约束和变量上下限约束。对变异算子，没有采用常规的均匀变异。根据上述种群的产生方式，一个变量值的改变往往会影响到后面的所有变量。因此，此处采用的变异算子是若产生的随机数小于变异概率，则随机选择某一个体，按照上述方法重新生成新的个体。

3. 其他约束的处理

对灌溉用水量的约束，以及发电量的约束，采用了罚函数的方法来处理。从试算来看，该类约束采用罚函数法的效果较好，可很快获得可行解。

对边界条件式（6.65）、式（6.66），其中初值约束在初始种群的生成中已给予考虑。对终值状态 $S_{1,T+1}=500$ 等，在初始种群的生成中无法考虑，且如前所述，使用罚函数法直接对等式进行处理的效果并不好。本文采用了编程的技巧以及本模型的特点来处理。

在不考虑终值条件的情况下，对模型进行了大量的试算，结果表明，为获得最大的发电效益，模型倾向于将所有的水量都用来发电，使得在计算期末水库处于较低水位。根据这一特点，本文在编程时，将等式的终值条件改变成不等式约束，即 $S_{1,T+1}\geqslant500$、$S_{2,T+1}\geqslant1600$、$S_{3,T+1}\geqslant2200$。从计算结果看，最优解都能以一定的精度使等式满足，从而解决了边界条件问题。

6.4.4 结果分析

利用免疫遗传算法和上述策略，采用 C++ 语言编程，对该实例进行了计算。

经过计算的最大发电量为 $4437.4\times10^{6}\,\text{kW}\cdot\text{h}$，计算结果列于表 6.8。优化结果既满足了灌溉用水，同时也使得总发电量最大。计算结果也基本符合优先利用下游水库蓄水，而后用上游水库蓄水的调度经验。

表 6.8 　　　　　　　　　　　　实 例 计 算 结 果

月份	水库 1			水库 2			水库 3		
	库容 /($\times 10^6 \text{m}^3$)	发电引水流量/(m^3/s)	下泄流量 /(m^3/s)	库容 /($\times 10^6 \text{m}^3$)	发电引水流量/(m^3/s)	下泄流量 /(m^3/s)	库容 /($\times 10^6 \text{m}^3$)	发电引水流量/(m^3/s)	下泄流量 /(m^3/s)
10	501.7	41.1	0.0	1533.0	63.0	0.0	2033.7	146.52	0.0
11	570.7	55.0	0.0	1633.9	83.6	0.0	1909.3	165.81	0.0
12	676.0	70.7	0.0	1716.9	129.7	0.0	2006.3	122.18	0.0
1	740.5	107.3	0.0	1716.9	205.5	0.0	2258.1	151.19	0.0
2	767.8	123.0	0.0	1716.9	233.0	0.0	2567.6	144.49	0.0
3	762.6	128.3	0.0	1716.9	231.3	0.0	2825.2	186.04	0.0
4	763.1	125.7	0.0	1716.9	229.7	0.0	2902.8	229.77	0.0
5	730.3	102.9	0.0	1716.9	176.2	0.0	2869.0	211.33	0.0
6	701.1	75.2	0.0	1716.9	126.6	0.0	2670.6	224.04	0.0
7	627.1	63.2	0.0	1710.6	94.5	0.0	2428.0	205.46	0.0
8	556.5	50.7	0.0	1667.7	86.9	0.0	2316.8	141.5	0.0
9	500.0	42.1	0.0	1612.6	79.7	0.0	2219.6	117.17	0.0
合计		985.36	0		1739.8	0.0		2045.5	0

参 考 文 献

［1］ 田玉楚，符雪桐，孙优贤，等. 复杂系统与宏观信息熵方法 [J]. 系统工程理论与实践，1995 (8)：62-68.

［2］ 魏一鸣. 自然灾害复杂性研究 [J]. 地理科学，1998 (1)：30-36.

［3］ 金鸿章，李琦，吴红梅. 基于脆性因子的复杂系统脆性分析 [J]. 哈尔滨工程大学学报，2005 (6)：739-743.

［4］ 畅建霞，黄强，王义民，等. 基于耗散结构理论和灰色关联熵的水资源系统演化方向判别模型研究 [J]. 水利学报，2002 (11)：107-112.

［5］ 陈守煜，伏广涛，王建明. 复杂系统模糊模式识别动态规划模型研究 [J]. 水科学进展，2002 (6)：689-695.

［6］ 刘丙军，邵东国，曹卫锋. 基于信息熵原理的作物需水空间相似性分析 [J]. 水利学报，2005 (12)：1439-1444.

［7］ 赵建世. 基于复杂适应理论的水资源优化配置整体模型研究 [D]. 北京：清华大学，2003.

［8］ 周育人，闵华清，许孝元，等. 多目标演化算法的收敛性研究 [J]. 计算机学报，2004 (10)：1415-1421.

［9］ 邵东国，刘丙军，阳书敏，等. 水资源系统复杂性理论 [M]. 北京：科学出版社，2012.

［10］ 赵建世，王忠静，翁文斌. 水资源系统的复杂性理论与方法 [M]. 北京：清华大学出版社，2008.